GAOCENG JIANZHU
GANGJIN HUNNINGTU DAIXIN FENTIZHU

高层建筑
钢筋混凝土带芯分体柱

楚秀娟 / 著

U0312102

西南交通大学出版社
·成 都·

图书在版编目（CIP）数据

高层建筑钢筋混凝土带芯分体柱/楚秀娟著. —成都：西南交通大学出版社，2014.6
ISBN 978-7-5643-3175-7

Ⅰ. ①高… Ⅱ. ①楚… Ⅲ. ①高层建筑－钢筋混凝土柱 Ⅳ. ①TU973

中国版本图书馆 CIP 数据核字（2014）第 144862 号

高层建筑钢筋混凝土带芯分体柱

楚秀娟　著

责 任 编 辑	曾荣兵
封 面 设 计	墨创文化
出 版 发 行	西南交通大学出版社 （四川省成都市金牛区交大路 146 号）
发行部电话	028-87600564　028-87600533
邮 政 编 码	610031
网 　 　 址	http://www.xnjdcbs.com
印 　 　 刷	四川川印印刷有限公司
成 品 尺 寸	170 mm×230 mm
印 　 　 张	8.75
字 　 　 数	201 千字
版 　 　 次	2014 年 6 月第 1 版
印 　 　 次	2014 年 6 月第 1 次
书 　 　 号	ISBN 978-7-5643-3175-7
定 　 　 价	46.00 元

前　言

安全学科的研究对象是事故，研究目的是预防故事的发生和控制事故后的损失。本书主要研究钢筋混凝土结构高层建筑中短柱的抗震能力，由此得到抗侧移能力强，承载能力高、可实现"大震不倒、中震可修"目的的钢筋混凝土带芯分体柱的模型及其基本计算参数、构造理论和设计方法，为预防高层建筑底部短柱在地震作用下发生脆性破坏，同时为减小柱的截面面积提供设计依据。所以，本书研究对象属安全学科范畴。

本书介绍了地震造成的破坏特点并举例说明其危害性，阐述了在地震作用下研究高层建筑钢筋混凝土结构带芯分体柱及其计算机模拟技术的必要性。传统钢筋混凝土高层建筑随着建筑层数的增加，竖向荷载加大，因受轴压比限制而使得底部几层柱的截面加大，造剪跨比小、延性差，由此而易发生剪切破坏和小偏心受压破坏的短柱甚至超短柱。这两类破坏形式都是脆性破坏，是没有预兆的突发性破坏。建筑物抗震性能主要取决于结构物吸收地震能量的能力，它等于结构承载力与变形能力的乘积，即结构抗震能力是由其承载力和变形能力共同决定的。

短柱的脆性破坏和延性不足是钢筋混凝土框架结构地震及风灾作用下造成结构破坏甚至倒塌的主要原因。正确判断和处理短柱、超短柱是结构抗震设计过程中必须面对的主要问题。为提高承载能力和变形能力，在钢筋混凝土短柱内加入芯部钢筋并结合分体柱技术，形成钢筋混凝土带芯分体柱，将核心柱的高轴压比和分体柱的大剪跨比特点结合起来，直接变短柱为"长"柱，提高了延性、承载能力，同时也减小了柱截面面积，破坏形式由剪切型变为弯曲型，从而消除短柱、改善短柱的抗震性能，实现结构的抗震安全性的目的。工程结构在地震时遭受破坏是造成人员伤亡和财产损失的主要原因，其破坏程度与结构类型和抗震措施等有关。

本书研究钢筋混凝土带芯分体柱在压、弯、剪及地震作用下的承载能力，对提高高层建筑底部短柱竖向承载力、侧向变形能力和地震作用下的延性能力具有重要意义。结合钢筋混凝土带芯柱的强抗压性能（高轴压比）和钢筋混凝土分体柱的大侧移能力（减小的侧移刚度），提出了具有二者各自优点的钢筋混凝土

带芯分体柱，采用理论推导和数值模拟的方法对钢筋混凝土带芯分体柱在压、弯、剪及地震作用下的承载能力进行了较为系统的研究。运用材料力学、理论力学、弹塑性力学、钢筋混凝土结构学等相关理论，用理论推导和数值模拟的方法对钢筋混凝土带芯分体柱在轴心受压、偏心受压、剪切及地震作用下的承载能力进行了较为系统的研究，并推导出轴压、偏压、剪切承载力计算表达式，限定了使用条件。以此为基础，运用大型通用有限元 ANSYS/LS - DYNA 显示动力分析软件，建立了钢筋混凝土带芯分体柱承载能力计算模型，对轴压、偏压、剪切及地震作用下的钢筋混凝土带芯分体柱进行了模拟计算，通过分析计算结果与理论计算结果相比较，对计算公式的正确性和适用性进行验证，得出钢筋混凝土带芯分体柱同时具有分体柱和带芯柱各自的优点。在此基础上，提出了设计建议。

本书通过理论分析和数值模拟，主要得出以下结论：

（1）钢筋混凝土带芯分体柱具有钢筋混凝土带芯柱的强抗压能力，结构面积小。由于柱芯钢筋参与受力，对钢筋混凝土带芯柱的轴压力提供一个增量，使得钢筋混凝土带芯分体柱可以承担更大的竖向荷载。因此，钢筋混凝土带芯柱在同等竖向承载力的情况下，相较其他柱体可以减小柱截面面积，增大房屋使用面积，减小混凝土用量，具有一定的经济效果。该增量与芯部钢筋及混凝土的材料系数、芯部配筋量、面积特征系数等有关。

（2）钢筋混凝土带芯分体柱延性好。该柱中普通配箍率的提高和芯部箍筋的设置能够改善钢筋混凝土带芯分柱体的抗震性能，即使在轴压比很高时，配箍率对构件抗震性能——延性也有所提高作用。因此，为防止斜裂缝的出现及提高带芯分体柱的塑性转动能力，在带芯分柱体中采用较高配箍率是必要的。

（3）带芯分柱体的抗弯承载力低于整截面柱的抗弯承载力。由于柱体中间设缝，抗弯刚度削弱，使其抗弯承载力低于整截面柱的抗弯承载力；但由于隔板的摩擦作用，其值略高于四个独立小柱的受弯承载力之和。本书取等于四个独立小柱的受弯承载力之和作为钢筋混凝土带芯分体柱的抗弯承载力。

（4）带芯分柱体的截面承载力可以简化地按四个独立小柱之和计算。本书给出了钢筋混凝土带芯分体柱轴心受压、偏心受压及受剪承载力计算公式，分别用四个独立小柱的轴心受压、偏心受压及受剪承载力之和作为钢筋混凝土带芯分体柱的轴心受压、偏心受压及受剪承载力。

（5）柱上下端整截面过渡区的设置是必要的。过渡区对分柱体受力性能的影响不大，但对防止竖向分缝开展过早进入节点区起到保护作用。

（6）钢筋混凝土带芯分体柱的轴压比提高。由于柱芯钢筋参与受力，对钢筋混凝土带芯柱的轴压力提供一个增量，使得钢筋混凝土带芯分体柱可以承担更大的竖向荷载，可以用各小柱面积之和来控制，与整体柱轴压比定义相同。

（7）钢筋混凝土带芯分体柱有一定的适用范围。钢筋混凝土带芯分柱体适用于设防烈度为Ⅶ～Ⅺ度的框架，框架—剪力墙以及框支结构中剪跨比 $\lambda \leqslant 1.5$ 的短柱。钢筋混凝土带芯分体柱框架在满足《混凝土结构设计规范》《建筑抗震设计规范》和《高层建筑混凝土结构技术规程》的设计计算要求和带芯分柱体单体模拟试验所得设计建议后，能够使原来的短柱框架达到延性框架的要求。

（8）模拟计算验证了前面理论推导所得公式的正确性。通过模拟计算发现，钢筋混凝土带芯分柱的芯部箍筋迟于普通箍筋进入工作状态，芯部纵筋只是在轴心受压时才有可能进入屈服状态。

得到主要创新点如下：

（1）提出钢筋混凝土带芯分体柱的概念，并设计了在理论分析和数值模拟验证下得出相应的正截面轴心受压、偏心受压、斜截面受剪的承载力计算公式。

（2）运用 ANSYS 结构分析软件对提出的结构模型进行了轴压、弯压、剪切、压弯剪共同作用及地震作用下的数值模拟计算，验证了推导出的钢筋混凝土带芯分体柱的承载力计算公式。

（3）给出了钢筋混凝土带芯分体柱的轴压比计算公式，并给出了界限破坏时芯部钢筋的配筋率。

本书还需要进行以下研究：

（1）由于要对本书研究的对象进行实验室试验和现实工程应用实践需要大量资金和大面积场地，同时需要一定量的人力、物力，尤其是需要先进的试验检测设备，受条件所限没有进行实验室试验。但毕竟实验室试验和现实工程应用实践是目前验证理论研究的重要手段之一，因而本书还需要进行进一步的实验验证和现实工程应用实践。

（2）本书研究主要是在前人研究经验和成果的基础上根据现行规范和有关标准进行的理论推导，目前规范中的有些缺陷也在书中有所体现。例如："大震不倒"、"中震可修"并没有明确的标准。随着其他有关研究成果的发展和相关标准、规范的进一步细化，本研究会有更进一步的发展。

（3）轴压比的提高使得钢筋混凝土带芯分体柱在高轴压比状态下仍然具有很好的延性，实现延性框架，改变短柱的破坏形态，使短柱由剪切型破坏转化为弯曲型破坏，抗震能力显著提高。但轴压比公式稍显复杂，不便于快速手算。

（4）芯柱使得钢筋混凝土带芯分体柱的竖向承载力、轴压比提高，在满足承载力的情况下可以减小柱截面积，减少混凝土用量，增大使用面积，节约投资，但没有建立剪跨比的加大对承载力提高和侧移能力加大的直接关系式。

（5）结合带芯柱的强抗压能力和分体柱的强侧移能力于一体，实现变短柱的脆性剪切破坏为长柱的延性弯剪破坏，但界限破坏时芯部钢筋只有一小部分参与受力，此时芯部钢筋的利用率不高。

笔　者

2014 年 5 月

目　录

第1章　绪　论 …………………………………………………… 1

1.1　问题提出的目的和意义　……………………………… 1

1.2　本研究领域的国内外概况　…………………………… 9

1.3　本书研究内容　………………………………………… 17

1.4　本章小结　……………………………………………… 18

第2章　高层建筑的抗震能力分析 …………………………… 19

2.1　抗震设计思想的发展历程[3]　………………………… 19

2.2　抗震分析方法　………………………………………… 20

2.3　抗震设计方法　………………………………………… 21

2.4　我国钢筋混凝土抗震设计的分析方法和不足　……… 25

2.5　高层建筑在地震作用下柱的破坏形态　……………… 31

2.6　提高钢筋混凝土短柱抗震性能的方法　……………… 34

2.7　本章小结　……………………………………………… 38

第3章　钢筋混凝土带芯分体柱正截面受压承载力计算 …… 40

3.1　轴心受压承载力计算理论　…………………………… 40

3.2　钢筋混凝土带芯分体柱的力学性质　………………… 54

3.3　偏心受压破坏形态与特征　…………………………… 60

3.4　钢筋混凝土带芯分体柱偏心受压基本理论　………… 63

3.5　本章小结　……………………………………………… 70

第4章　带芯分体柱斜截面承载力计算 ……………………… 71

4.1　钢筋混凝土柱斜截面受剪承载力　…………………… 71

    4.2 钢筋混凝土带芯分体柱的斜截面承载力 ················ 74

    4.3 本章小结 ······················· 85

第5章 应用 ANSYS/LS-DYNA 对钢筋混凝土带芯分体柱的数值模拟 ········ 86

    5.1 ANSYS/LS-DYNA 简介 ··················· 86

    5.2 钢筋混凝土带芯分体柱承载力及抗震作用数值模拟 ······· 91

    5.3 钢筋混凝土带芯分体柱有限元模拟结果分析 ········ 101

    5.4 本章小结 ······················ 104

第6章 钢筋混凝土带芯分体柱抗震设计建议 ·············· 105

    6.1 设计总原则 ····················· 105

    6.2 钢筋混凝土带芯分体柱与框架的构造 ·········· 106

    6.3 钢筋混凝土带芯分体柱框架与柱的设计计算 ········ 107

    6.4 钢筋混凝土带芯分体柱框架梁柱节点的设计计算 ······· 116

第7章 结论和展望 ··················· 118

    7.1 主要结论 ······················ 118

    7.2 创新点 ······················· 119

    7.3 展望 ························· 119

参考文献 ······················· 121

第 1 章 绪 论

安全科学是研究事故的发生、发展、后果规律的科学。地震是人类面临的最严重的自然灾害之一，引起建筑物的破坏是地震造成人员伤亡和财产损失的主要表现。如何避免地震灾害引起的房倒屋塌、房屋损坏，实现建筑物尤其是高层建筑的抗震设计要求——"大震不倒、中震可修、小震不坏"，是安全科学预防建筑抗震灾害的一项重要内容。

1.1 问题提出的目的和意义

1.1.1 问题提出的目的

安全学科的研究对象是事故，目的是预防事故的发生和控制事故后的损失。事故包含职业病和自然灾害，它们都符合事故的定义：人们不期望发生的、造成生命、健康、财产、效率和环境损失的意外事件[1]。地震灾害引起的房倒屋塌造成大量人员伤亡和其他财产损失、社会损失，是人类难以避免的严重事故，直接影响国民经济的发展。因此，对预防地震引起的建筑破坏并由此造成的伤亡和损失具有重要意义。

建筑物抵抗地震引起的破坏的能力叫建筑物的抗震能力，主要取决于结构吸收地震能量的能力，它等于结构承载力与变形能力的乘积，即结构抗震能力是由其承载力和变形能力共同决定的。承载力较低，但具有较大延性的结构——分体柱，吸收的能量多，虽然较早出现损坏，但能经受住较大的变形，避免倒塌；反之，有较高承载力的脆性结构——钢筋混凝土短柱，虽然吸收能量也较多，可一旦遭遇到超过设计水准的地震作用，就很容易发生脆性破坏而突然倒塌，违背了建筑规范中"大震不倒"的设计原则。本书的研究是要提出钢筋混凝土带芯分体柱的概念，与传统普通钢筋混凝土柱相比，其受压承载力提高、受剪承载力基本不变、受弯承载力稍有降低，但是变形能力和延性均得到显著提高、其破坏形态由剪切型转化为弯曲型，实现了短柱变"长柱"的设

想，有效地改善了短柱和超短柱的抗震性能；同时得到该柱的基本设计理论、构造做法和参数，以期实现"大震不倒、中震可修"目的，因而本书研究的问题属安全。

要研究建筑物的抗震问题，首先应对地震灾害进行分类。

1.1.2 地震灾害破坏分类

地震是地球内部缓慢积累的能量突然释放，或由于种种自然原因或人为原因引起的地球表层的错动。地震是自然灾害中危害最大的灾种之一，也是绝大部分工程结构的控制荷载。按成因，地震分为三种类型：构造地震、火山地震和陷落地震。据统计[1]，地球上平均每年发生可以记录到的大小地震有 500 万次之多，其中有感地震（2.5 级以上）在 15 万次以上，能造成破坏的 5 级以上地震约 1000 次，造成严重破坏的地震不到 20 次，造成巨大灾害的 7 级以上地震 10 次，而 8 震级以上、震中烈度 XI 度以上的毁灭性地震仅 2 次。在这些地震中，小震到处都有，而大震只发生在某些地区——主要地震带（环太平洋地震带，喜马拉雅地中海地震带也称欧亚地震带，沿北冰洋、大西洋、印度洋主要山脉的狭窄表浅地震带以及位于东非、夏威夷群岛的裂谷活动带）上。地震造成自然破坏，给人类社会带来灾难，造成不同程度的人身伤亡和经济损失。地震破坏主要表现为地表破坏、工程结构破坏和次生灾害[3]。

1. 地表破坏

地震所造成的地表破坏主要有山石崩裂、山体滑坡、地裂缝、地面陷落、管涌冒砂等。山石崩裂塌方量一次可达百万方，最大石块体积大于房屋体积，并可阻塞公路，中断交通。在陡坡附近会引起滑坡，在岩溶地形或采空区会发生地陷，喷水冒砂地段也有可能发生地陷。地裂缝是地震作用下地表受到挤压、拉伸、扭转作用造成的，穿过建筑物时能使墙体或基础断裂、错动甚至倒塌。按成因，地裂缝分两种：构造裂缝和非构造裂缝。其中，构造裂缝不受地形地貌影响，走向与地下断裂带一致，是地震断裂带在地表的反映，规模较大，一般长达几千甚至几万米，宽几米甚至几十米；非构造裂缝受地形、地貌、地质条件影响较大，大多沿河岸、边坡、沟坑周边和古河道分布，常有水存在，与喷水冒砂并存，形状多样，规模较小。地下水位较高的地区，易出现砂土液化，水夹砂喷出地面就形成管涌。如图 1.1 所示。[2]

图 1.1　日本三陆地震后的地裂缝[2]　　　图 1.2　被震毁的唐山市胜利桥[2]
Fig 1.1　the Ground crack after the　　　Fig 1.2　the destroyed Victory － bridge
　　　　3 － L earthquake inJapan　　　　　　　　　in Tangshan earthquake

2. 工程结构破坏

工程结构在地震时遭受破坏是造成人员伤亡和财产损失的主要原因，其破坏程度与结构类型和抗震措施等有关。结构破坏主要表现在：承重结构承载力不足或抵抗变形能力不足，致使变形过大，超过了结构的承载能力极限状态；结构失稳，受压构件长细比过大、节点强度不足、延性不足、锚固质量差等易引起结构失稳；地基失效，强震作用下地基承载力下降或地基土液化造成建筑倾斜、倒塌，如图 1.2～1.4 所示。1968 年 5 月 16 日本十绳冲发生 7.9 级地震，钢筋混凝土柱破坏较多，短柱剪切破坏尤其突出；1975 年 4 月 21 日本大分发生 6.4 级地震，在同一建筑物中长短柱的混合使用加剧了建筑物的损坏；1978 年 2 月 20 日日本宫成冲发生 6.7 级地震，破坏情况与十绳冲相似；1994 年 1 月 17 日美国北岭发生 6.8 级地震，未经延性设计的钢筋混凝土框架柱被剪切破坏，建筑损坏及经济损失大；1995 年 1 月 17 日日本阪神发生 7.2 级地震，神户损失非常严重，但按现代延性设计的钢筋混凝土框架结构损坏较小；1999 年 8 月 17 日土耳其发生 7.4 级地震，钢筋混凝土结构箍筋不足，框架结构破坏和倒塌多[4]。

3. 次生灾害

地震次生灾害主要有水灾、火灾、毒气污染、滑坡、泥石流、海啸等，由此引起的破坏也非常严重。1923 年日本东京大地震，震倒房屋 13 万幢，而震后火灾烧毁房屋 45 万幢；1960 年智利沿海发生地震后 22h，海啸袭击了 17 000km 以外的日本本州和北海道的太平洋沿岸地区，浪高近 4m，冲毁了海港、码头和沿岸建筑物；1970 年秘鲁大地震，瓦斯卡兰山北峰泥石流从 3 750m 高处泻下，流速达 320m/h，摧毁、淹没了村镇和建筑，使地形改观，死亡人数达25 000人[2]。

图 1.3　1999 年台湾大地震中倒塌的
教学楼[2]

Fig 1.3　the school building collapsed
in Taiwan earthquake in 1999

图 1.4　1999 年台湾大地震中被震
断的桥墩[2]

Fig 1.4　the pier broken in Taiwan
earthquake in 1999

1.1.3　地震灾害特点

1. 突发性强，难以准确预测

地震发生在极短的瞬间，断层破坏的实际过程仅为几秒钟。当前地震工作者尽管已掌握了一些地震发生的规律和特点，并且进行了几次成功的预报[3]，但从整体来看，与其他学科所取得的成果相比还处于非常初级的阶段，而就目前的技术手段和研究水平，也还难于准确预测。另外，地震发生突然，人们来不及反应，所以逃生困难，造成大量人员伤亡。

2. 波及范围大

地震是震源发生构造破坏，巨大能量以地震波的形式向周围迅速传递，由于地震波在地壳内弹跳和回播，大地晃动会继续较长的时间。地震波每震荡循环一次，对建筑的冲击就增加一次，由于应力是逐次累加的，从而使地震灾害波及更大的范围。建筑的最严重破坏是在最后的地震动过程中。

3. 伴随余震

尽管地震发生突然、持续时间短，但大的地震之后往往会有持续不断的余震，有的甚至能持续两三天。余震往往使人们处于恐慌之中。

4. 次生灾害严重，损失巨大

地震造成地表严重破坏，从而导致大量次生灾害：水灾、火灾、毒气污染、滑坡、泥石流、海啸等伴生现象，对人员疏散、抢险救援造成很大的困难，大量人员伤亡及财产损失往往是由次生灾害引起的。

5. 房倒物塌是人员死亡的主要原因

地震发生突然、人员来不及撤离便出现大量的房倒物塌现象，使人们生命、财产损失巨大，据统计[4]，大部分人员伤亡、财产损失是房屋倒塌引起砸伤、窒息造成的。而1906年旧金山8.3级地震后有少量楼房得以保存，表明人们目前虽不能制止地震的发生，但建筑工程师可以通过努力，设计出具有优良防震性能的建筑物。

6. 柱破坏引起房屋坍塌

房屋倒塌多是墙、柱等竖向构件破坏引起的，而这些破坏均为竖向构件不能满足地震作用下巨大的侧向力、侧向位移和扭转造成的，都是超强度破坏，且主要为脆性破坏，如图1.5~1.8所示。1968年5月16日日本十绳冲发生7.9级地震，钢筋混凝土柱破坏较多，短柱剪坏尤其突出；1975年4月21日日本大分发生6.4级地震，在同一建筑物中长短柱混合使用的加剧了建筑物的损坏；1978年2月20日日本宫成冲发生6.7级地震，破坏情况与十绳冲相似；1994年1月17日美国北岭发生6.8级地震，未经延性设计的钢筋混凝土框架柱被剪坏，建筑损坏及经济损失大；1995年1月17日日本阪神发生7.2级地震，神户经济损失非常严重，但按现代延性设计的钢筋混凝土框架结构损坏较小；1999年8月17日土耳其发生7.4级地震，钢筋混凝土结构箍筋不足，框架结构破坏和倒塌多[5]。

7. 救灾困难

地震造成的房屋倒塌使人非死即伤，即使受伤较轻的人员处于危险区域也也容易造成头脑麻木和心理恐慌，难以在短时间内选择正确的逃生路线，致使判断错误，加重了灾害程度。同时，救灾人员则由于不易侦察震毁的废墟中的情况，不易接近受灾群众实施直接救援，使人员遭遇的危险性增加并增大抢险救灾的难度。

8. 灾后重建难度大

大的地震造成地面、建筑物、生命线工程等的严重破坏，甚至坍塌成为废墟，不仅使生命、财产、环境损失严重。同时灾后重建有一定困难：垃圾清运工作量巨大；地质勘察、地基处理难度增加；灾后物资、财力供应甚至生产力水平下降，使得灾后重建难度巨大。

图 1.5　唐山地震中某房屋一层柱全部倒塌，
上部坐落[2]

Fig 1.5　the columns of 1F collapsed, toppers
dropped in Tangshan earthquake

图 1.6　柱头剪切破坏[2]

Fig 1.6　the top of column destroyed by
shearing

图 1.7　柱酥裂，屋架下沉[2]

Fig 1.7　the column crisped, the truss sinked

图 1.8　柱扭转破坏[2]

Fig 1.8　the column destroyed by turn

1.1.4　研究地震灾害和短柱破坏规律的必要性

　　由于地震灾害具有上述特点，使得目前对地震发生机理和规律的研究还存在不足。地震会产生重大的危害，而建筑坍塌是地震重大灾害之一。地震发生后，能量传递迅速且变化范围大，变化复杂，使建筑物的受力情况在短期内发生急剧变化，偏离既定传力路径，超过结构构件的承载、变形能力，引起结构破坏或倒塌，使灾区或灾区波及的区域中的人员被砸伤、窒息，或次生灾害火灾、爆炸、毒气泄漏等致人死亡，酿成重大事故，从而产生难以弥补的损失和危害。因此，地震发生后，及时准确地掌握结构受力状态的变化、应力应变分布变化与发展规律、结构薄弱环节位置与时间、脆性破坏发生的条件等情况，是建筑抗震救灾，尤其是高层建筑抗震救灾工作的重点。由于地震对上述参数的动态影响造成上述参数随时间的复杂变化，其影响范围波及整个结构系统，以及地震及结构的复杂性和地震试验的破坏性大、耗资巨大[4]，以实验模拟地震对整个高层建筑结构系统的影响几乎是不可能的。而地震及余震阶段结构构件的状态变化的数学模型是可以较准确地建立的，可以应用计算机模拟技术进行全面、准确地计算上述参数。因此，一定条件下的计算机模拟具有存在的重要价值。

地震是结构破坏最为复杂的因素之一，因此针对地震的计算机模拟在计算机应用及抗震设计思想提出的初期即开始尝试。地震模拟技术就是应用计算机数值模拟分析的方法，解算地震波、震级、烈度和结构、构件受力（弯、剪、扭、拉、压及其合力作用）、节点受力和整体变形、层间位移等工况参数在地震影响下的动态变化和时间及影响的一种技术。虽然建筑抗震电算模拟技术已经经过二十多年的试用、修改、推广等过程，并且也在应用中取得了一定的效果，但是由于现有的动态模拟技术及相应软件在进行地震常态的建模和求解过程中把全部地震波视为单纯的机械波，过于简化了模型和计算。

众所周知，地震发生后，地表各土层由于受到地震波的震密、挤压、抛拉、扭转[6]作用，密度发生变化，甚至发生液化，在重力场作用下诱发流动，此时的地基土承载力特征值由土密度和含水量控制；而混凝土结构构件在地震波的震密、挤压、抛拉作用下，由于蓄能能力有限，易发生压屈破坏和斜拉破坏、斜压破坏、剪拉破坏、剪压破坏、黏结破坏、高轴压剪切破坏、拉扭破坏、剪纽破坏等脆性破坏。在震中附近区域，由于纵横波能量不同，各向破坏作用大小不均匀。纵波能量的不均匀传递使得建筑物承受竖向力的结构构件轴力发生变化，造成原来以承受轴压力为主的小偏心受压构件转变为以承受水平力为主的大偏心受压构件以变为原来以承受水平力为主的大偏心受压构件转变为承受轴压力为主的小偏心受压构件。甚至纯剪构件又变为同时受弯、剪、扭、拉、压综合作用的复杂构件。此外，整体扭转变形、层间位移会使构件达到或超过构件极限承载能力和极限变形能力。因此，地震发生后震区建筑物的受力及变形情况是非常复杂的，采用传统的结构技术和数值模拟方法，虽然能基本模拟出地震作用下的结构总体效果，但对考察局部个别构件详细的抗震性能状态却无能为力，例如不能够有效地模拟超配筋结构、构件地震作用下的工作情况。

目前已有针对建筑结构地震作用计算机模拟研究，其主要集中在地震动参数、建筑破坏形态、构件震后性能等方面，但是对采取一定措施改善构件的脆性破坏特征的计算机模拟研究还较少。对地震过程中结构系统中的典型的受力现象，如弯扭、剪压等。钢筋混凝土带芯分体柱 ANSYS－LS/DYNA 计算机模拟可以在弯、剪、扭、拉、压及其合力作用下详细计算钢筋混凝土带芯分体柱的动态

变化过程，能解决 PKPM[7] 系列软件 SATWE、SAT - 8 和 TAT 模拟技术所不能解决的问题。因此，有必要对钢筋混凝土带芯分体柱进行地震作用下的计算机模拟。

1.1.5　研究建筑物在地震运动下的现实模拟的必要性

地震灾害的高度不确定性和现代地震灾害引起严重次生灾害和巨额经济损失的特点，使得世界各国工程界对现有抗震设计思想和方法不得不进行深刻的反思，从而进一步探讨更完善的结构抗震设计思想、理论和方法。由于计算机具有快速运算和快速决断的特点，所以在必要的实验及检验检测系统的支持下，利用计算机的这种优势，通过自动控制设备实施减灾、救灾控制措施。为了实现大震不倒，使震后救灾人员能够直观了解废墟下受灾人员位置特点、次生灾害蔓延趋势及救灾措施的实施效果（包括不同救灾方案的实施效果比较）。由于建筑体量大、质量大、建筑材料不透明、倒塌的不规则、受灾程度的不均匀性，实现"可视度"，一般只能通过计算机模拟技术，仿真地震发生及救灾过程。应用现实模拟技术，可以生成交互式三维计算机图像、模拟地震灾害现场，所以能为安全事故调查及广大人民群众、抗震救灾人员安全培训提供新的技术手段。但是，在安全领域，尤其是在地震灾害领域，现实模拟的研究才刚刚开始，在安全领域中的应用也很少见。因此，现实模拟技术在抗震安全领域中的应用潜力巨大，前景广阔。

1.1.6　本书要解决的问题及意义

根据上面提出的抗震设计应用中存在的问题，本书主要研究高层建筑钢筋混凝土带芯分体柱的特征及其地震作用下的受力、变形特点，分析其在弯矩、高层剪力、轴力、地震作用下的变形特征规律及破坏特点，建立地震灾害作用下结构受力模型，从而提高对结构地震模拟的准确性。对于地震特性的描述，当前许多国家均已取得一定成果[8,9,10]。对于结构在地震作用下受到破坏造成的模拟误差问题，由于中震破坏地点和小震破坏程度不易直接观察到，因而比较复杂，可考虑采取监测等辅助手段帮助确定，此问题有待于今后进一步研究。

通过本书的研究，主要解决三个方面的问题：

（1）建立钢筋混凝土带芯分体柱的构造模型，进行各种受力状态下的方程推导，给出有关参数。解决目前建筑抗震理论中对短柱承载能力和抗震延性不足的问题。

（2）运用大型通用有限元分析软件 ANSYS/LS-DYNA 建立钢筋混凝土带芯分体柱的物理模型，并施加各种荷载进行求解，得出有关数据验证前面的理论推导。

（3）根据前面的推导方程和模拟计算验证，给出设计建议。

通过对上述问题的研究，可以比较准确地描述地震作用下钢筋混凝土带芯分体柱的受力、变形规律，建立比较完善的钢筋混凝土分体芯柱受力、变形的数学模型，通过相应的数值模拟技术进行数值求解，为实现对结构抗震的更高安全度奠定基础。由于结构构件受力状态和变形不仅关系到该构件的抗震有效性和安全性，而且直接影响整个建筑物的抗震安全性，因而对钢筋混凝土分体芯柱单独进行研究与模拟。因此，上述问题的解决对提高抵御地震灾害的建筑技术水平，促进计算机模拟技术在抗震救灾，尤其是高层建筑抗震救灾中的应用，对抗震救灾的安全性、减少灾害的损失、地震事故的调查以及人民群众和救灾人员的安全培训有着重要的意义。

总之，通过本书的研究，可以增强对建筑地震灾害规律的理论认识，提高钢筋混凝土框架结构、框剪结构、框支结构柱的抗震性能，对提高地震救灾、减小灾害损失有重要意义。随着我国经济建设的发展，城市中大量高层钢筋混凝土工程建筑得到了广泛开发利用，地铁、地下交通通道、地下商业街等城市新的地下空间开发工程也在迅速发展，这引起了人们对高层及地下建筑灾害问题的极大关注[11,12]。由于地下建筑地震灾害的特点优越于地上建筑，因此，地震灾害的模拟对地下建筑抗震救灾和进行地震灾害灾情预测都有实际的指导意义。本书研究对增强地震计算机模拟技术在高层建筑及地下建筑地震的事故分析、地震灾害安全评价、地震灾害安全辅助教学和救灾培训中的实用价值方面，也具有重要作用。

1.2 本研究领域的国内外概况

1.2.1 建筑抗震的研究方法

地震是一种自然灾害性现象。作为一种自然现象，其发生和发展规律具有随机性和确定性的双重特点。所谓随机性，主要是指地震作为一种灾害现象，要受到许多因素的影响，因为"灾害"必然覆盖一定的范围和持续一定的时间，在这个时空范围内，众多的影响因素都不可避免地带有一定的随机性，但它却遵循

一定的统计规律。确定性则是指如果在某一地区发生了地震，地震会按基本确定的过程发展，地震动、不同建筑结构的破坏都遵循特定的规律。这种规律特点决定了对不同震级、不同建筑结构的不同研究方法。结构破坏的随机性规律用统计分析的方式进行研究，通过总结、整理和分析大量的震害原始资料，归纳出震害的统计性规律。震害的确定性规律则可采用工程科学的研究方法进行，有理论分析和模拟研究两种方法，而模拟研究有包括实验研究和计算机模拟。各种研究方法见图1-9。

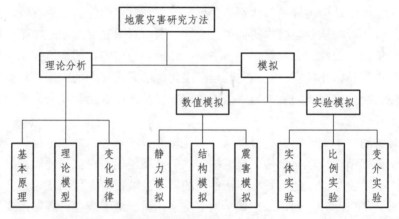

图1.9　地震研究方法分类

Fig 1.9　Classify of earthquake research method

（1）理论分析是根据自然科学基本原理对地震现象进行分析，总结出某一地震现象和过程的基本规律。理论分析是一种重要的基本研究方法，是实验研究和计算机模拟的基础[13]。模拟研究是在某种近似的条件下进行的研究，包括计算机模拟和实验模拟。实验模拟是一种较为直接、可靠的方法，它既可以通过观察测量和数据分析来回归总结具体现象的定量关系及地震过程的机理和规律，又可以为人们从一般原理出发提出的理论或计算模型提供可靠的依据和进行验证。实验模拟包括实体实验、比例实验和变介质实验。实体实验是地震科学研究最可靠的实验研究手段，其效果最为接近实际情况，但投资大、周期长，人力、物力消耗较多，有些实体实验实际上不可能实现。比例结构模型实验投入相对较少，为较全面地研究震害规律提供了可能的条件，这种方法已成为目前采用比较多的实验手段，并取得了富有成效的研究成果。但对于结构，比例模型研究与1∶1模型研究成果只是相似，要实现完全相同十分困难，即两系统描述同一物理现象的所有相似准则不可能全部相等，选择不同的相似准则会有不同的模拟结果，对模拟结果的准确性都会有一定影响。

（2）由于实验研究存在的不足，使得结构抗震科学必须寻找新的出路，而计算机现实模拟则为研究结构抗震提供了一种有效的方法。现实模拟是根据物理、化学、力学及工效学的基本定律以及一些合理的简化和假设，建立描述地震震害现象和过程的数学模型，然后借助于计算机定量计算出地震震害发生及发展过程的参数及其变化情况。由于它用理论研究成果来分析处理地震震害过程，有助于人们加深对地震震害机理的认识；同时能够在某些无法或难以进行实验的情况下发挥独到的作用，提供有参考价值和指导意义的结果。地震震害计算机模拟方法依据对结构物理模型研究控制体的划分及数学模型的不同，可以分为地震场模拟、结构模拟、震害模拟三种，相关的详细信息将在后面的章节中介绍。

（3）计算机模拟与实验模拟方法有各自的优缺点，计算机模拟与实验模拟方法可相互补充，不同计算机模拟方法之间也可相互补充。采用计算机模型进行地震震害、结构抗震研究，需要很多基本的数据作为输入条件，有些数据需要从结构实验中获得，如建筑结构特点或燃料的属性、受力特点、变形能力和破坏特点等；同时，计算机模拟得出的结论是否正确，与实际情况的误差多大，也需要用不同电算程序模拟数据来加以检验。此外，可以利用计算机模拟进行实验模拟的预先设计，确定更科学、合理的实验方案，以达到提高实验效率、节省时间和节约资金等目的。

1.2.2 结构抗震的研究发展、现状及存在的问题

1. 结构抗震设计经过以下发展阶段[14~20]

刚性设计、柔性设计、延性设计、结构控制设计和基于性能的抗震设计——概念设计。

2. 结构抗震研究现状

目前各国结构规范普遍采用"小震不坏、中震可修、大震不倒"的三水准设防标准，被认为是目前处理地震作用高度不确定性的最科学合理的对策，在实践中也取得了巨大成功。例如，在发达的人口高度密集的城市及周边地区，绝大多数建筑物按现行抗震规范设计或加固，重大地震灾害造成的人员伤亡已明显下降。这种设计思想以保障生命安全为设防目标，做到大震时主体结构不倒，保障了生命的安全，但可能导致中小震作用下结构正常使用功能丧失，引起巨大经济损失。随着经济的发展，室内外装修、非结构构件、信息技术装备等费用往往远远超过结构本身的价值，所以这种损失非常巨大。我国《建筑抗震设计规范》

（GB50011—2001）[21]也采用了三水准设防标准，并进行两阶段设计：通过小震下的截面强度验算、大震下的薄弱层变形验算实现小震、大震下的设计水准，而"中震可修"则主要通过构造措施来满足，没有具体的量化计算——怎样的破坏才可修，允许破坏到什么程度，对结构、设备、装修有什么影响，等。因此，现行规范在注意了保证大震下的生命安全，掌握了"安全第一，以人为本"的大原则，却不能避免地震作用下巨大的经济损失。

3. 结构抗震研究存在的问题[14]

（1）设计阶段建筑的抗震性能并不明确，只是按规范规定的步骤进行，很少对结构在地震作用下的各种性能进行评估，没有对要求的性能进行明确规定。

（2）业主、使用者很难了解结构的抗震性能，也没有人向他们说明，这会引起误解：工程师对结构性能的要求是大震不倒，而业主的要求则是大震下财产不受损失。建筑结构作为一种商品，使用者和业主有权知道它的性能。

（3）结构的抗震性能没有用来进行评估，投资效益准则作为平衡造价与性能的一个重要指标，在其他工业领域得到了广泛应用，在建筑领域却很少用，原因是结构的性能不清晰明确，业主无法了解在付出投资后能得到怎样的效益。建筑不同于其他批量产品，它是唯一的，业主很难在购买之前去试用或检验建筑的实际性能。

1.2.3　结构抗震计算模拟技术的研究

1. 地震作用的计算机模拟

电子计算机的出现，为人们认识地震震害规律提供了新的方法。数值模拟（仿真）是人类认识世界的新手段。自理论分析与科学实验之后，数值模拟已成为人类认识世界最重要的手段。它主要用来解决以下两类问题：不可能进行实验的问题以及进行实验代价太大的问题。同时它又融和了理论分析和科学试验的特点，数值模拟（仿真）已经不再局限于科学计算，正广泛被用在科学研究、工程与生产领域。

近几十年来，计算机模拟成为地震震害研究中的重要内容之一，一些有效的数学分析和数理统计方法引入到了地震震害科研体系之中。通过使用计算机这一强有力的工具，使得地震震害过程的理论模型能够应用于地震震害科学的研究和实际的地震震害安全工程。地震震害过程的计算机模拟是在描述地震震害过程的各种数学模型的基础之上进行的，它试图从工程科学的角度出发，分析研究地震的发生、发展和震害的蔓延以及地震对周围环境的影响。与地震运动直接相关的蔓延过程，其计算模拟理论已经走过了从统计模型到经验性模型再到物理模型的科学发展历程。统计模型只对地震实验进行统计描述；经验性模型则基于地震破坏作用机理建立震害系统的数学描述，但不考虑震害过程中的动态的能量传递过程；物理模型则要详细考虑控制地震震害过程的能量传递、应力集中、结构构件变形、塑性发展、破坏和倒塌过程。

2. 结构抗震模拟的研究现状及发展趋势

目前，建筑结构所用模拟分析软件主要有、ANSYS 有限元模拟分析软件、MSC. NASTRAN 结构有限元分析软件、MSC. MARC 有限元软件系统、ABAQUS 力学分析软件、I-DEAS 分析软件、COSMOS 分析软件、ADINA System 结构工程软件、LMS/FALANCS 疲劳寿命分析软件、FLUNT5.4 流体分析软件、DADS/Basic 机械系统仿真软件[22]。

目前，计算高层的软件常用的有 TBSA、PKPM 等几种，基于性能的抗震设计理念和方法 自 20 世纪 90 年代在美国兴起，并日益得到工程界的关注。美国的 ATC 40（1996 年）[22]、FEMA237（1997 年）[23]提出了既有建筑评定、加固中使用多重性能目标的建议，并提供了设计方法。美国加州结构工程师协会 SEAO 于 1995 年提出了新建房屋基于性能的抗震设计[24]。1998 年和 2000 年，美国 FEMA 又发布了几个有关基于性能的抗震设计文件[25-28]。2003 年美国 ICC（International Code Council）发布了《建筑物及设施的性能规范》[29]，其内容广泛，涉及房屋的建筑、结构、非结构及设施的正常使用性能、遭遇各种灾害时（火、风、地震等）的性能、施工过程及长期使用性能，该规范对基于性能设计方法的重要准则作了明确的规定。日本也开始将抗震性能设计的思想正式列入设计和加固标准中，并已由建筑研究所（BRI）提出了一个性能标准[30]。欧洲混凝土协会（CEB）于 2003 年发布了"钢筋混凝土建筑结构基于位移的抗震设计"报告[31]。澳大利亚则在基于性能设计的整体框架以及建筑防火性能设计等方面做了许多研究，提出了相应的建筑规范（BCA 1996）[32]。我国在基于性能的抗震设计方面也发表了不少论文加以研究和探讨[30,33]

模型的合理简化与合理应用问题、数值计算方法问题、计算效率与计算精度问题、模拟结果的检验与合理解释问题等还需进一步深化。

1.2.4　数值模拟技术国内外研究现状及发展

数值模拟（Virtual Reality，简称 VR）是一种探讨如何实现人与计算机之间理想的交互技术。现实模拟始于 18 世纪，那时人们开始有意识地对画面的逼真度进行探索。到 20 世纪 30 年代，Edwin Link 设计了一种竞赛乘坐器，后来发展成为飞行模拟器，用作飞行员的训练设备，是现代 VR 技术的先驱。60 年代初，Morton Heilig 发明了具有图像、声音、振动、气味等多种感知功能的摩托车仿真器 Sensorama[34]，被认为是现代 VR 技术的开始。1965 年，被称为"计算图形学之父"和"VR 技术之父"的 Ivan Sutherland 发表了论文"The ultimate communication system"，揭示了计算机图形学的可交互性，提出了虚拟现实概念的雏型，随后他又研制出了具有定位功能的 HMD[35]。70 年代计算机图形学及相关技术的飞速发展，为后来仿真系统提供高质量、实时、交互作用的三维图形奠定了理论基础。80 年代计算机功能和速度大大提高，计算机上已能生成逼真的图像，并陆续出现了较为实用的三维头盔显示器—能提供 6 个自由度的数控拉杆、立体声耳机等设备。1989 年，美国的 Jaron Lanier 正式提出"Virtual Reality"一词。从此以后，世界各国在计算机理论、软件、硬件等诸多方面开始了现实模拟技术的研究。

经过几十年的发展，现实模拟技术日趋成熟，特别是 20 世纪 90 年代以后，计算机软、硬件功能的不断强化和成本下降使 VR 的发展和应用成为可能。自此，VR 理论和研究应用日趋广泛，在建筑、娱乐、化学分析、医药、教育和数据识别等方面取得了举世瞩目的成就。目前，世界范围的 VR 研究主要在危险环境及远程环境下的操作、科学感知、计算机辅助设计、教育与培训、空间探索、医学和娱乐等领域进行。

美国是 VR 技术的发源地，代表着国际 VR 发展的水平[36~53]，目前其在现实模拟领域的研究主要集中在感知技术、用户界面、后台软件和硬件四个方面。NASA（美国宇航局）的 Ames 实验室完善了 HMD，并将 VPL 的数据拉杆工程化，成为可用性较高的产品。NASA 研究的重点放在对空间站操纵的实时仿真上，他们大量运用了面向座舱的飞行模拟技术。目前，NASA 已经建立了航空、卫星维护 VR 训练系统、空间站 VR 训练系统，并且已经建立了可供全国范围内使用的 VR 教育系统[36,37]。北卡罗来纳大学（UNC）的主要研究领域是在分子建模、航空驾驶、外科手术仿真、建筑仿真等方面。UNC 在显示技术方面开发了一个称为"像素飞机"（Pixel Planes）的并行处理系统，可以帮助用户在复杂视景中建立实时动态显示。麻省理工学院（MIT）于 1985 年成立了媒体实验室，进行虚拟环境的正规研究，该实验室建立了一个名叫 BOLIO 的测试环境，用于进行不同图形仿真技术的实验。利用这一环境，MIT 建立了一个虚拟环境下的对象运动跟踪状态系统。Dave Sims 等人研制出现实模拟撤退模型，用来观察系统如何运作。此外，伊利诺斯州立大学在车辆设计中支持远程协作的分布方式——VR 系统方面、乔治梅森大学在动态虚拟环境中的流体实时仿真方面均作出一定的成果。

在欧洲，德国、英国、荷兰等国也进行了现实模拟的研究[54~64]。Damastadt（德国）的 Fraunhofer 计算机图形学研究所开发了一种名为"虚拟设计"的 VR 组合工具，可使得图像伴随着声音是实时显示。GMD（德国国家数学与计算机研究中心）研究了科学视算与 VR 技术。研究的课题有 VR 表演、冲突检测、装订在箱子中的物体的移动、高速变换以及运动控制。Bristol 有限公司（英国）发现 VR 应用的焦点应该集中在软件与整体综合技术上，他们在软件研究和硬件开发的个别方面在世界上处于领先地位。ARRL 有限公司（英国）研究了关于远地呈现的 VR 技术重构问题。荷兰的 VR 研究工作主要是研究一般性的硬件/软件结构问题、人员因素问题，以及在工业和培训中的应用。日本[65]主要致力于建立大规模 VR 知识库的研究。东京技术研究院精密和智能实验室[66]研究了一个用于建立三维模型的人性化界面系统 SPIDAR（Space Interface Device for Artificial Reality）。NEC 公司计算机和通讯分部中的系统研究实验室开发了一种虚拟现实系统，它能让操作者都使用"代用手"去处理三维 CAD 中的实体模型。东京大学有多个 VR 研究机构：高级科学研究中心将他们的研究重点放在远程控制方面，其研究的主从系统可以使用户控制远程摄像系统和一个模拟人手的随动机械人手臂。原岛研究室进行了人类面部表情特征的提取、三维结构的判定和三维形状的表示以及动态图像的提取的研究。广濑研究室重点放在虚拟现实的可视化问题上，他们开发的一种虚拟全息系统克服了当前显示和交互作用技术的局限性。

和一些发达国家相比，我国在虚拟现实研究方面还有一定的差距。但在紧跟国际新技术的同时，国内一些院校、科研机构和公司也致力于这一领域的研究。清华大学计算机科学系在现实模拟临场感方面[67]以及在医学、船舶、机械等应用方面进行了研究，例如球面屏幕显示和图像随动、克服立体闪烁的措施和深度感实验等方面都具有不少独特的方法，利用虚拟现实技术建成神经外科手术系统[68]、建立基于虚拟现实的轮机仿真系统[69]等。浙江大学 CAD&CG 国家重点实验室开发了一套桌面型虚拟环境实时漫游系统[70]。该系统采用了层面迭加的绘制技术，实现了立体视觉；同时还提出了方便的交互工具，使整个系统的实时

性和画面的真实感都达到了较高的水平。北京航空航天大学计算机系是国内进行 VR 研究最早、最有权威的单位之一，他们除了进行一些基础方面的研究以外，着重进行了虚拟环境中物体物理特性的表示与处理的研究。在虚拟现实的虚拟接口方面开发出了部分硬件，提出了有关算法及实现算法，并且实现了分布式虚拟环境网络设计。中国科技开发院威海分院主要研究虚拟现实中视觉接口技术，完成了虚拟现实中的体视图象是对算法回显及软件接口，并在硬件开发基础上完成了 LCD 红外立体眼镜[71]。此外，西安交通大学[72,73]对虚拟现实中的关键技术——立体显示技术——进行了研究，北方工业大学 CAD 研究中心、西北工业大学 CAD/CAM 研究中心、上海交大图像处理及模式研究所、长沙国防科技大学计算机研究所等单位也进行了一些研究工作和尝试。

尽管虚拟现实技术在理论上和应用上的研究已经有很大进展，但是目前还存在着一些重大的问题和障碍。在硬件上，数据存储设备的速度、容量还不十分充足，而显示设备的昂贵造价和显示的清晰度等问题也没有很好地解决，为 VR 制造的大部分专用设备不但造价高、使用起来很不方便、效果有限，而且局限性很大，还不能达到人们的要求，更不能达到 VR 所定义的那种环境。在软件上，硬件的诸多局限性使得软件的开发费用十分惊人，而且软件所能实现的效果受到时间和空间的影响，算法和许多相关理论也很不完善。在应用上，虽然虚拟现实技术已经广泛地应用于军事、医学和商业等领域，但还没有涉及教育等领域，它在实际应用领域仍然处于初级阶段，在很多方面，它仍然是一种刚开始研究如何实际使用的技术，还存在很多尚未解决的理论问题和尚未克服的技术障碍。因此，虚拟现实技术的发展仍将是世界的一大热点。

1.2.5　现实模拟技术在结构抗震领域中的应用现状及存在问题

地震的孕育、发生、发展和蔓延的过程包含了岩石力学运动、流体流动、传热传质、物理化学反应和相变，涉及质量、动量、能量和化学成分在复杂多变的环境条件下相互作用，其形式是三维、多相、多尺度、非定常、非线形、非平衡态的动力学过程，加上结构复杂的建筑环境，进行结构抗震的相似实验模拟必然具有一定的难度。而且进行真实的地震模拟实验要耗费大量的人力、物力，对救灾人员进行真实环境下的地震救灾的训练也不现实，因此应用先进的计算机技术模拟地震过程，结合运用动力学、运动学和流体力学的基本原理，揭示地震作用机理和规律，为建筑抗震救灾及管理提供了一种安全可靠、真实有效的手段。

现实模拟技术可以使人通过计算机看见、操纵极端复杂的数据，并与之交互，是集先进的计算机技术、传感技术和测量技术、仿真技术等为一体的综合技术集。采用现实模拟可以构造出逼真的地震发生环境，实现对真实结构某些层次或某些方面属性的模拟或重现，操作人员可以通过人机交互参与其间的活动。目前，国内外已有部分单位进行地震现实模拟的研究。

综上所述，现实模拟技术在建筑抗震领域的应用已经有了一定的基础，但是还处于最初始的阶段，对于地震时期能量、震动对建筑结构的破坏机理、结构变形损坏等的表现技术还需进一步改善，对于如何更真实地构造地震的虚拟环境、更生动地表现地震发生时地震动及人、畜的活动特征，如何实时地为受灾人员、救灾人员和救灾指挥人员提供灾害现场的状态及最佳救灾避灾路线，以及怎样利用现有的现实模拟设备达到人机自由交互，还有待进一步研究。ANSYS 模拟技术在地质、建筑、结构中已得到广泛的应用，其通过解算与地震和结构相关的数学模型，可以较准确地预测地震附近的波形、能量级以及震后结构变形的实时分布情况。因此，将 ANSYS 模拟结果与现实震后结构鉴定技术相结合也是模拟地震灾害预防的一大突破口。

1.3　本书研究内容

根据本书研究的目的、对现有地震计算机模拟方法的比较分析、目前计算机模拟技术发展水平及计算能力以及钢筋混凝土柱特点，拟采取以地震作用理论研究为基础，借鉴地面建筑地震模拟思想，实现地震作用模拟，研究钢筋混凝土带芯分体柱技术，并与地震作用模拟结果相结合。本书将进行的研究工作如下：

（1）高层建筑的抗震能力分析：包括抗震设计思路发展历程、抗震设计方法、我国钢筋混凝土抗震设计的方法、抗震概念设计和存在的缺陷、建筑物在地震作用下破坏的机理、柱的破坏特征、目前提高混凝土短柱的方法等。

（2）钢筋混凝土带芯分体柱正截面受压承载力计算，进行理论分析——承载能力分析。

（3）钢筋混凝土带芯分体柱斜截面受剪承载力计算，进行理论分析——承载能力、侧移分析。

（4）用 ANSYS/LS－DYNA 显示动力分析软件钢筋混凝土带芯分体柱的压、弯、剪及地震作用下的数值模拟计算，分析钢筋混凝土带芯分体柱数值模拟结果与理论分析技术相结合，实现基于地震作用数值模拟结果的钢筋混凝土分体芯柱计算机显示分析。通过钢筋混凝土带芯分体柱在地震作用下的数值模拟，根据模

拟结果的对比分析，对模拟结果与计算式计算结果进行的对比，验证建立的钢筋混凝土带芯分体柱计算公式。

（5）提出钢筋混凝土带芯分体柱结构设计建议。

1.4　本章小结

简述了安全科学的研究内容，介绍了地震造成的破坏特点并举例说明其危害性，阐述了在地震作用下研究高层建筑钢筋混凝土结构带芯分体柱及其计算机模拟技术和现实应用的必要性，详细总结和归纳了钢筋混凝土结构抗震相关领域的研究状况和取得的成果；同时指出相关领域目前存在的不足和今后的发展趋势，并根据以上的总结和分析，表明了本书研究的目的和意义，明确提出了本书将要研究的主要内容。

第 2 章　高层建筑的抗震能力分析

　　我国《高层建筑钢筋混凝土结构技术规程》（JGJ3—2002）[1] 中明确规定：10 层及 10 层以上或高度超过 28m 的混凝土结构高层民用建筑物称为高层建筑。近几年，随着建筑、结构、施工和垂直运输技术的发展，为适应人口发展及用地需要，高层建筑的数量、多层工业厂房的层数日趋增加，一楼多厂的联合工业大厦相继出现。高层建筑节省用地、便于生产和管理、适应现代化生产、建筑造型新颖美观、改善市容、缩短城市建设管线，具有强大的生命力和发展前途，在我国今后的工业建设尤其是轻工业厂房建设中具有良好的发展前景。为节省建设成本，在满足规定条件的情况下尽量减小层高，这就容易形成短柱；层高较低的设备层、避难层或过渡层等也容易出现短柱。但《建筑抗震设计规范》（GB 50011—2001）、《钢筋混凝土高层建筑结构设计与施工规程》（JGJ3—2002）对钢筋混凝土柱的轴压比限值做了规定，致使柱子截面越来越大，从而形成短柱（剪跨比 $\lambda \leqslant 2$），甚至是超短柱（$\lambda \leqslant 1.5$）。历次震害结果[2] 表明，钢筋混凝土短柱的变形性能差，耗能能力低，凡是因短柱破坏而引起的震害往往都是是灾难性的。因此，对钢筋混凝土短柱进行研究，提出较好的构造形式，改善其抗震性能均显得非常重要。

2.1　抗震设计思想的发展历程 [3]

　　地震灾害突发性强，到目前为止可预报性低，给人类社会造成的损失严重，是自然灾害中最严重的灾害。

　　结构抗震设计思路经历了从弹性到塑性，从经验到理论，从单纯保证结构承载能力的"抗"到允许结构屈服，并赋予结构一定的塑性变形能力的"耗"的一系列转变。开始，在未考虑结构弹性动力特征也无详细的地震作用记录统计资料的条件下，经验性地取一个地震水平作用（0.1 倍自重）用于结构设计。到了 20 世纪 60 年代，随着地面运动记录的不断丰富，人们通过单自由度体系的弹性反应谱，第一次从宏观上看到了地震对弹性结构引起的反应随结构周期和阻尼比

变化反映了结构在地震地面运动的随机激励下的强迫振动动力特征。但同时也发现当时规范所取的设计地面运动加速度明显小于按弹性反应谱得出的作用于结构上的地面运动加速度，这些结构大多数却并未出现严重损坏和倒塌，当时无法解释这一矛盾。随着对结构塑能的不断研究，人们发现设计结构时取的地震作用只是赋予结构一个基本屈服承载力，当遇到更大的地震作用时，结构将在一系列控制部位进入屈服后非弹性变形状态（塑性状态），并依赖其屈服后的非弹性变形能力来经受地震作用。因而逐渐形成了使结构在一定水平的地震作用下进入屈服阶段、并达到足够的屈服后塑性变形来耗散能量的现代抗震设计理论。

本书研究的抗震延性就是塑性耗能现代抗震思想，即抗震性能化设计思想。

2.2 抗震分析方法

抗震研究的一项重要内容就是对结构抗震性能进行分析，而非线性时程分析、非线性静力分析是目前常用的抗震分析方法。其中，针对结构非线性反应的非线性时程分析法（非线性动力反应分析）的基本思路是通过一系列数值方法建立和求解动力方程，得到结构的反应量。但由于对地震特点和结构假设等原因，模拟结果不确定，所以主要是用来考察地震作用下普遍的而非特定的反应规律、对抗震设计后的结构进行校核分析、评估其抗震性能。非线性静力分析法（push - over）[4]是近年来得到广泛应用的一种结构抗震能力评估的新方法。这种方法从本质上说是一种静力非线性计算方法，但它将反应谱引入了计算过程和结果。其根本特征是用静力荷载描述地震作用，在地震作用下考虑结构的弹塑性性质。它的基本原理和步骤是先以某种方法得到结构在可能遭遇地震作用下所对应的目标位移，然后对结构施加竖向荷载的同时，将表征地震作用的一组水平静荷载以单调递增的形势到目标位移时停止荷载递增，最后在荷载中止状态对结构进行抗震性能评估，判断是否可以保证结构在该水平地震作用下满足功能需求。

从现代抗震设计思路提出至今，世界各国的抗震学术界和工程界取得了许多新的成果，比如进行了大量钢筋混凝土构件的抗震性能试验；通过迅速发展的计算机技术编制了准确性更好的非线性动力反应程序；在设计方法上也不再拘泥于以前单一的基于力的传统抗震设计方法，开始尝试基于性能和位移的新的抗震设计理念。在这样的环境中，我国的抗震设计思路也应该在完善自身不足的同时，不断向前发展。

2.3　抗震设计方法

世界建筑史上，曾经出现过的抗震设计方法共经历了以下五个阶段。

2.3.1　承载力设计法

承载力设计法分为静力法和反应谱法。静力法产生于 20 世纪初期，是最早的结构抗震设计方法。在 20 世纪初的日本浓尾、美国旧金山和意大利 Messina 的几次大地震中，人们注意到地震产生的水平惯性力对结构的破坏，提出把地震作用看成作用在建筑物上的一个总水平力。意大利都灵大学应用力学教授 M. Panetti[5]建议，1 层建筑物取设计地震水平力为上部质量的 1/10，2 层和 3 层取上部质量的 1/12，成为最早的将水平地震力定量化的建筑抗震设计方法。日本关东大地震后，1924 年日本都市建筑规范[6]首次增设的抗震设计规定，取地震系数为 0.1。1927 年美国《UBC 规范》（第一版）[7]也采用静力法，地震系数也取为 0.1。从现在的结构抗震理论角度看，静力法没有考虑结构的动力反应，认为在地震作用下，结构随地基作整体水平刚体运动，运动加速度等于地面运动加速度，由此产生的水平惯性力，即建筑物质量的 0.1 倍，并沿建筑高度均匀分布。考虑到地震作用强度的地区差别，设计中取用的地面运动加速度按不同地震烈度分区给出。根据结构动力学的观点，地震作用下结构的动力效应，即结构上质点的地震反应加速度不同于地面运动加速度，而是与结构自振周期和阻尼比有关。采用动力学的方法可以求得不同周期单自由度弹性体系质点的加速度反应。以地震加速度反应为纵坐标，以体系的自振周期为横坐标，所得到的关系曲线称为地震加速度反应谱，以此计算的地震作用引起的结构水平惯性力更为合理，这就是反应谱法——振型分解法，适合多自由度体系。振型分解法的发展与地震地面运动的记录直接相关。1923 年，美国研制出第一台强震地震地面运动记录仪，并在随后的几十年间成功地记录到许多强震，其中包括 1940 年的 E. Centro 和 1952 年的 Taft 等多条著名的强震地面运动记录。1943 年，M. A. Biot 发表了以实际地震纪录求得的加速度反应谱[8]。20 世纪 50 ~ 70 年代，以美国的 G. W. Housner、N. M. Newmark 和 R. W. Clough 为代表的一批学者在此基础上又进行了大量的研究工作[9,10,11]，对结构动力学和地震工程学的发展作出了重大贡献，保证了现代反应谱抗震设计理论的推广应用。然而，静力法和早期的反应谱法都是以惯性力的形式来反映地震作用，并按弹性方法来计算结构地震作用效应

的。当遭遇超过设计烈度的地震作用，结构进入弹塑性状态，这种方法便无能为力了；在由静力法向反应谱法过渡的过程中，人们发现短周期结构加速度谱值比静力法中的地震系数大 1 倍以上，使得以前按静力法设计的建筑物能够经受得住强烈地震作用也不能够得到合理的解释。

2.3.2　承载力和构造保证延性设计法

美国《UBC 规范》通过地震力降低系数将反应谱法得到的加速度反应值降低到与静力法水平地震相当的设计地震加速度，地震力降低系数对延性较差的结构取值较小，对延性较好的结构取值较高。尽管只是经验性地利用地震力降低系数降低地震反应加速度，但人们已经意识到根据结构的延性性质不同选取不同的地震力降低系数。这是考虑结构延性对结构抗震能力影响的最早形式。但此后对延性重要性的认识却经历了一个长期的过程。在确定和研究地震力降低系数的过程中，G. W. Housner[9] 和 N. M. Newmark[10] 分别从不同角度提出了各自的看法。G. W. Housner 认为考虑地震力降低系数的原因是：每一次地震中可能包括若干次大小不等的反应，较小的反应可能出现多次，而较大的地震反应可能只出现一次。此外，某些地震峰值反应的时间可能很短，震害表明这种脉冲式地震作用带来的震害相对较小，形成了现在考虑地震重现期的抗震设防目标。后来，N. M. Newmark 认识到结构的塑性变形能力可使结构在承载力较小的情况下经受更大的地震作用。结构进入塑性阶段，意味着结构的损伤和遭受一定程度的破坏，形成了现在的基于损伤的抗震设计方法，并促使人们对结构的非弹性地震反应进行研究。采用能量观点对此进行研究形成了现在的能量抗震设计法。由于对结构非弹性地震反应分析很困难，因此只能根据震害经验采取必要的构造措施来保证结构自身的塑性变形能力，以适应和满足结构塑性地震反应的需求，而结构的抗震设计方法仍采用小震下按弹性反应谱计算的地震力来确定结构的承载能力。与考虑地震重现期的抗震设防目标相结合，采用反应谱的承载能力和构造保证延性的设计方法成为目前各国抗震设计规范的主要方法。应该说这种设计方法是在对结构塑性地震反应尚不能准确预知情况下的一种以承载能力设计为主的方法。

2.3.3　损伤和能量的设计法

在超过设防地震作用下，虽然塑性变形对抗震和防止倒塌有重要作用，但结构自身将遭受一定程度的损伤；当塑性变形超过结构自身塑性变形能力时，就会引起结构的倒塌。因此，对结构在地震作用下塑性变形和由此引起的损伤成为结构抗震研究的一个重要方面，并由此形成结构损伤抗震设计法，该方法引入反映结构损伤程度的指标来作为设计指标。许多研究者根据地震作用下结构损伤机理的理解，提出了多种不同的结构损伤指标计算模型[12]。这些研究加深了人们对结构抗震机理的认识，尤其是将能量耗散能力引入损伤指标的计算。但由于涉及结构损伤机理较为复杂，如需要确定结构非弹性变形以及累积滞回耗能等指标，同时结构达到破坏极限状态时的阈值与结构自身的设计参数关系也有许多问题未得到很好的解决。从能量观点看，结构能抵御地震作用而不破坏，主要在于结构以某种形式耗散地震输入到结构中的能量。地震作用对体系输入的能量由弹性变形能 E_E、塑性变形能 E_P 和滞回耗能 E_H 三部分组成。地震结束后，质点的速度为 0，体系弹性变形恢复，故动能 E_K 和弹性应变能 E_E 等于零，地震对体系的输入能量 E_{EQ} 最终由体系的阻尼、体系的塑性变形能和滞回耗能所耗散。因此，从能量观点来看，只要结构的阻尼耗能与体系的塑性变形耗能和滞回耗能能力之和大于地震输入能量，结构就可以有效抵抗地震作用，而不会倒塌，就形成了能量平衡极限设计法。基于能量平衡概念来理解结构的抗震原理简洁明了，但将其作为实用抗震设计方法仍有许多问题尚待解决，如地震输入能量谱、体系耗能能力、阻尼耗能和塑性滞回耗能的分配以及塑性滞回耗能体系内的分布规律等。尽管损伤和能量抗震设计法在理论上有其合理之处，但直接采用损伤和能量作为设计指标不易为一般工程设计人员所接受，因此一直未得到实际应用。但关于损伤和能量概念的研究对实用抗震设计方法中保证结构抗震能力提供了理论依据，具有一定的指导意义。

2.3.4　能力设计法

20 世纪 70 年代后期，新西兰的 T. Paulay 和 R. Park[13,14] 提出了保证钢筋混凝土结构具有足够弹塑性变形能力的能力设计法。该方法是基于对非弹性性能对结构抗震能力贡献的理解和超静定结构在地震作用下实现具有延性破坏机制的控制思想提出的，可有效保证和达到结构抗震设防目标，同时又使设计做到经济合理。其核心思想如下：

（1）强柱弱梁：引导框架结构或框架－剪力墙（核心筒）结构在地震作用下形成梁铰机构，即控制塑性变形能力大的梁端先于柱出现塑性铰。

（2）强剪弱弯：避免构件（梁、柱、墙）剪力较大的部位在梁端达到塑性变形能力极限之前发生非延性破坏，即控制脆性破坏的发生。

（3）强节点、强锚固、强柱根：通过这些构造措施保证将出现较大塑性变形的部位具有所需要的塑性变形能力。

到 20 世纪 80 年代，各国规范均在不同程度上采用了能力设计法。能力设计方法的关键在于将控制概念引入结构抗震设计，引导结构的破坏机制，避免出现不合理的破坏形态。该方法不仅容易控制结构抗震性能和能力，同时也使得抗震设计变得简单明了，即后来抗震概念设计中提出的主动抗震设计思想。

这一抗震措施理念已被世界各国所接受，但是对于耗能机构却出现了以新西兰和美国为代表的两种不完全相同的思路。首先，这两种思路都是以优先引导梁端出塑性铰为前提。

新西兰的抗震研究者认为耗能机构宜采用符合塑性力学中的"理想梁铰机构"，即梁端全部形成塑性铰，同时底层柱底也都形成塑性铰的"全结构塑性机构"。其具体做法是通过结构分析得到各构件组合内力值后，对梁端截面就按组合弯矩进行截面设计；而对除底层柱底以外的柱截面，则用人为增大了以后的组合弯矩和组合轴力进行设计；对底层柱底截面则用增大幅度较小的组合弯矩和组合轴力进行截面设计。通过这一做法实现在大震下的较大塑性变形中，梁端塑性铰形成的较为普遍，底层柱底塑性铰出现迟于梁端塑性铰，而其余所有的柱截面不出现塑性铰，最终形成"理想梁铰机构"。为此，这种方法就必须取足够大的柱端弯矩增强系数。

美国抗震界则认为新西兰取的柱弯矩增强系数过大，根据经验取了较小的柱弯矩增强系数。这一做法使结构在大震引起的非弹性变形过程中，梁端塑性铰形成较早，柱端塑性铰形成得相对较迟，梁端塑性铰形成得较普遍，柱端塑性铰形成得相对少一些，从而形成"梁柱塑性铰机构"。

新西兰抗震措施的好处在于"理想梁铰机构"完全利用了延性和塑性耗能能力较好的梁端塑性铰来实现框架延性和耗散地震能量，同时因为除底层柱底外的其他柱端不出现塑性铰，也就不必再对这些柱端加更多的箍筋。但是这种思路过于受塑性力学形成理想机构概念的制约，总认为底层柱底应该形成塑性铰，这样就对底层柱底提出了较严格的轴压比要求，同时还要用足够多的箍筋来使柱底截面具有所需的延性；此外，底层柱底如果延性不够而发生破、坏很容易导致结构整体倒塌。这些不利因素使该方法丧失了很大的优势。

2.3.5 　性能——位移设计方法

应该说通过多年的研究和实践，人们基本掌握了结构抗震设计方法，达到了预定的抗震设防目标标准。但 20 世纪 90 年代发生在一些发达国家现代化大都市的地震，人员伤亡虽然很少，建筑物虽然没有倒塌，但因一些设备和装修投资很高的建筑物结构损伤过大，使经济损失十分巨大：1994 年 1 月美国西海岸洛杉矶地区的地震，震级仅为 6.7 级，死亡 57 人，而由于建筑物损坏造成 1.5 万人无家可归，经济损失达 170 亿美元。1995 年 1 月日本阪神地震，7.2 级，死亡 6 430人（大多是旧建筑物倒塌造成的），经济高达 960 亿美元[15,16]。因此在现代科技高度、充分发展的今天，研究人员意识到再单纯强调结构在地震下不严重破坏和不倒塌——大震不倒，已不是一种完善的抗震思想，不能适应当前工程结构的安全需要，因此，美、日学者提出了基于性能（Performance Based Design，PBD）的抗震设计思想。就是使所设计的工程结构在使用期间满足各种预定的性能目标要求，具体目标根据建筑物和结构的重要性确定。与传统单一抗震设防目标做法相比，性能抗震设计应用了新理念，设计人员可以"自主选择"抗震设防标准。但是对结构性能状态的具体描述和计算以及设计标准目前尚未明确，因此性能抗震设计目前仅停留在概念阶段，即目前的概念设计。

明确描述结构性能的主要物理量有：力、位移（刚度）、速度、加速度、能量和损伤等。性能设计要求给出结构在不同强度的地震作用下结构性能指标的反应值（需求值）、结构自身的能力值，尤其结构进入塑性阶段时的这些指标。由于用承载力作为单独的指标难以全面描述结构的塑性性能及破损状态，而能量和损伤指标又难以实际应用，因此目前性能抗震设计方法的研究主要用位移来对结构的抗震性能进行控制，称为位移抗震设计方法 DBD（Displacement Based Design）。无论是基于性能还是位移，抗震设计的难点仍然是结构进入塑性阶段后结构状态的分析，与以往抗震设计方法一样，只是基于性能/位移抗震设计理念的提出，使研究人员更加注重对结构非弹性地震反应分析和计算的研究。在位移抗震设计方法研究中，主要是能力谱法。该方法由 Freeman[17]于 1975 年提出。近几年研究人员对能力谱曲线及需求谱曲线的确定方法做了进一步的改进，使得该方法成为各国推进位移设计法的主要方法。结构的能力曲线是由结构的等效单自由度体系的力-位移关系曲线转化为加速度-位移关系曲线来表示的。

2.4　我国钢筋混凝土抗震设计的分析方法和不足

2.4.1　我国钢筋混凝土抗震设计的分析方法

我国目前采用的结构抗震设计方法有震度法（底部剪力法）和动态分析法

两种。其中，动态分析法中又包括反应谱法和时程分析法，都是弹性分析方法，并根据现有的科学水平和经济条件，对建筑抗震提出了"三个水准"的设防目标，即通常所说的"小震不坏，中震可修，大震不倒"。小震、中震、大震分别指的是 50 年超越概率为 63%、10%、2%～3% 的多遇地震、设防烈度地震、罕遇地震。

底部剪力法最简便，适用于质量、刚度沿高度分布较均匀的结构。通过估计结构的第一振型周期来确定地震影响系数，再结合结构的重力荷载来确定总的水平地震作用，然后按各层重力和层高分配到各层。

振型分解反应谱法用于较复杂的结构体系，根据振型叠加原理，将多自由度体系化为一系列单自由度体系的叠加，将各种振型对应的地震作用、作用效应以均方根的方式叠加起来得到结构总的地震作用、作用效应。

弹性时程分析法用于特别不规则和特别重要的结构，该方法为直接动力分析方法[18]。

以上方法主要针对结构在地震作用下弹性阶段的受力状态，保证结构具有一定的屈服水平。

抗震措施中对耗能机构采用了"梁柱塑性铰机构"模式，放弃了新西兰的基于塑性力学的"理想梁铰机构"模式。抗震设计中为了避免没有延性的剪切破坏的发生，采取了"强剪弱弯"的措施来处理构件受弯能力与受剪能力的关系。问题是，与非抗震抗剪破坏相比，地震作用下的剪切破坏是不同的：以梁为例，在较大地震作用下，梁端形成交叉斜裂缝区，该区混凝土受斜裂缝分割，形成若干个菱形块体，而且破碎会随着延性增长而加剧。由于交叉斜裂缝与塑性铰区基本重合，垂直和斜裂缝宽度都会随延性而增大。抗震下根据梁端的受力特征，正剪力总是大于负剪力，正剪力作用下的剪压区一般位于梁下部，但由于地震的往复作用，梁底的混凝土保护层可能已经剥落，从而削弱了混凝土剪压区的抗剪能力；交叉斜裂缝宽度比非抗震情况大，且斜裂缝反复开闭，混凝土破碎更严重，从而使斜裂缝界面中的集料咬合效应退化；混凝土保护层剥落和裂缝的加宽又会使纵筋的销栓作用有一定退化。可见，地震作用下，混凝土抗剪能力严重退化，但是试验发现箍筋的抗剪能力仍可以维持。当地震作用越来越小时，梁端可能不出现双向斜裂缝，而出现单向斜裂缝，裂缝宽度发育也从大于非抗震情况到接近非抗震情况，抗剪环境越来越有利。此外，抗震抗剪要求结构构件应在大震下预计达到的非弹性变形状态之前不发生剪切破坏。因为框架剪切破坏总是发生在梁端塑性铰区，这就不仅要求在梁端形成塑性铰前不发生剪切破坏，而且抗剪能力还要维持到塑性铰的塑性转动达到大震所要求的程度，这就需要更多的箍筋。同时，在梁端塑性变形过程中作用剪力并没有明显增大，也进一步说明这里增加的箍筋不是用来增大抗剪强度，而是为了提高构件在发生剪切破坏时所要求的延性。

2.4.2　结构设计地震力的确定

对于在设计地震力与所要求的结构延性之间建立对应关系问题，国外一般有如下三种做法：较高地震力-较低延性方案；中等地震力-中等延性方案；较低地震力-较高延性方案。高地震力方案主要保证结构的承载力，低地震力方案主要保证结构的延性。实际震害表明，从抗震和经济效果看，这三种做法都能达到设防目标。我国的抗震设计采用的是较低地震力-较高延性方案，即采用明显小于设防烈度的小震地面运动加速度来确定结构的设计地震作用，再与其他荷载内力进行组合的截面设计，通过钢筋混凝土结构在屈服后的地震反应过程形成耗能机构，使结构主要的耗能部位具有良好的屈服后变形能力，实现"大震不倒"。虽然这三个方案都能保证"大震不倒"，但是在改善结构在中小地震下的性态方面，较低地震力-较高延性方案仅提高结构的延性水平，结构的屈服水准没有明显提高，这方面明显不如较高地震力-较低延性方案和中等地震力-中等延性方案。因此，在保证"小震不坏，中震可修"方面，较高地震力-较低延性方案和中等地震力-中等延性方案优于较低地震力-较高延性方案。

我国的地震反应谱曲线综合考虑了烈度、震中距、场地类别、结构自振周期和阻尼比的影响，中国地震动参数区划图给出了抗震设防烈度（中震）下的设计基本地震加速度。通过对震级、震中距、场地类别等因素对结构反应谱的影响，抗震规范把动力放大系数取为 2.25。根据资料[19]，多遇地震烈度比基本烈度降低约 1.55 度，相当于地震作用降低 0.35 倍，即地震力降低系数为 1/0.352 8。从而得到小震时结构的设计加速度，其值与重力加速度的比值即为小震时水平地震影响系数最大值。

2.4.3　地震作用计算

随着反应谱理论的不断成熟，各国对地震力在结构上的作用，都接受了底部剪力法和振型分解反应谱法等方法。我国规范规定：

底部剪力法适用于高度不超过 40m，以剪切变形为主且质量刚度沿高度分布均匀的结构、近似单质点的结构。结构的总地震力由建筑总质量和地面运动加速度确定，然后再沿高度按倒三角形分布分配，考虑顶点附加集中力——鞭梢

效应。

振型分解反应谱法适用于当前大多数建筑结构体系，尤其是高层建筑。通过建筑物的各个振型组合考虑各周期不同的振型在地震反应中的参与程度。对不进行扭转计算的结构，先确定各振型在各质点的水平地震作用标准值，再按照公式确定水平地震作用效应；需要进行扭转耦联计算的结构，其楼层取两个正交水平位移和转角位移三个自由度，确定各振型在各楼层两水平方向和转角方向的地震作用标准值，按或确定水平地震作用效应进行计算[20]。

规范同时还规定，对特别不规则的建筑、甲类建筑、规范[1]表4.2.2−1所列高度范围的高层建筑，应用弹性时程分析法进行多遇地震下的补充计算，可取多条时程曲线计算结果的平均值与振型分解反应谱法计算结果的较大值相比较。弹性时程法分析的结果一般有利于判断薄弱层部位。

对于Ⅸ度地区高层建筑考虑竖向地震力，采取与底部剪力法类似的方法，只是竖向地震力的取值约为水平地震力取值的0.57倍。

对于长周期结构，地震作用中的地面运动加速度和位移可能对结构具有更大的影响，而振型分解反应谱法无法对此作出估计，新规范5.2.5条同时还增加了楼层水平地震剪力最小值的要求[20]。

2.4.4　结构抗震变形验算

结构抗震变形验算是两阶段设计很重要的内容。

抗震设防三水准的要求是通过两阶段设计来保证的：多遇地震下的承载力验算，建筑主体结构不受损，非结构构件没有过重破坏保证建筑正常使用功能；罕遇地震作用下建筑主体结构虽遭遇破坏，但不倒塌。

第一阶段设计，变形验算以弹性层间位移角表示。

为保证结构及非结构构件不开裂或开裂不明显，保证结构整体抗震性能，新规范增加了变形验算的范围，对以弯曲变形为主的高层建筑可以扣除结构的整体弯曲变形，因为这部分位移对结构而言是无害位移的，只影响人的舒适度感。

第二阶段的变形验算为罕遇地震下薄弱层弹塑性变形验算，用弹塑性层间位移表示。根据震害经验、实验研究和计算结果分析，提出了构件和节点达到极限变形时的层间极限位移角，防止结构薄弱层弹塑性变形过大引起的倒塌。规范对验算的范围提出明确规定，但考虑到弹塑性变形计算的复杂性和缺乏实用软件，对不同建筑提出不同要求。在以后发展中可以把验算范围推广到更大，甚至可以通过位移控制来设计结构，以满足某些类型的建筑对结构位移的特殊要求，来保证结构的位移在可接受范围内。

现阶段的位移控制和抗震设计还只是单一地震作用下结构的反应，如何有效计算在地震高发区及多次地震下累积损伤对结构变形和抗震能力的影响，保证结构整个寿命期内的安全，需要进一步的研究。

与其他国家相比，我国的地震力降低系数 $R=2.7\sim2.8$，其取值与新西兰"有限延性框架"相当（$R=3$）；介于欧洲共同体低延性 DC "L"（$R=2.5$）和中延性 DC "M"（$R=3.75$）之间；比美国的"一般框架"（$R=3.5$）略小些。弹性结构承载力降低系数 R 和延性系数 μ 的关系是[21]：$R=F_D/F_E$，$\mu=\Delta_m/\Delta_y$，等位移假定时 $\mu=\Delta_m/\Delta_y=1/R$，等能量假定时 $\mu=\Delta_m/\Delta_y=\dfrac{1/R^2+1}{2}$。其中 F_D、F_E 分别是设计地震力和弹性结构的地震力，Δ_m、Δ_y 分别是结构的塑性位移和弹性结构的弹性位移。单纯从 R 的角度来看，似乎中国规范在大震下的延性需求和其他国家相比处在"中等延性结构"水平。但是中国设防烈度下水平地面运动的峰值加速度系数的取值，要比其他各个国家的[22]低（见表 2 - 1）。

表 2.1　各国规范加速度系数比较[22]

Tab. 2.1　Comparison of acceleration modulus among apiece coutries codes

各国规范	美国 UBC 1997	新西兰 NZS3101	欧洲 EC8	中国 GB50011—2001
加速度系数	$0.075\sim0.40$	$0.21\sim0.42$	$0.12\sim0.36$	$0.05\sim0.40$

2.4.5　抗震概念设计

华裔美籍结构专家林同炎提出结构整体抗震概念设计思想[23,24]，并在其作品中率先成功运用。他设计的墨西哥城美洲银行大厦为增强结构的抗灾能力，故意设计了一些薄弱环节，当灾害作用超过常规作用时，薄弱环节可先破坏而耗能，使整个结构保持完好，达到舍车保帅的目的：该大楼 18 层，61m 高，筒中筒结构，外筒 22.35m×22.35m，内筒 11.6m×11.6m。内筒由四个"L"型小筒体通过连系梁连接而成，连系梁中间开了较大的洞，成为结构的薄弱环节。1972 年的马那瓜地震，该楼正好位于震中，它旁边有半寸宽的地裂缝，附近的中央银行大楼 44.2m×12.5m，15 层，遭到严重破坏，而美洲银行大厦除了连系梁上发生剪切破坏外（预先设计好的），连墙体都没有破坏。因为地震来时，连系梁首先破坏，变成 4 个"L"形小筒体，但抗侧移能力降低的同时，

地震作用动力反应却大为减少，因而保持了结构的稳定性，稍做修复，继续使用。这样做的代价是：顶点位移稍有增加，但整个房屋未倒塌，很划算，很成功。

由于抗震设计的复杂性，在实际工程中的概念设计变得尤其重要，主要包括以下内容：结构的规则性、合理的结构体系、结构和构件的延性设计。

现以能力设计法（capacity design）将抗震概念设计介绍如下：

能力设计法是结构延性设计的主要内容，在我国规范中包括内力调整和构造两个方面。其中心思想是 20 世纪 70 年代后期新西兰知名学者 T. Paulay 和 Park[13,14]提出的钢筋混凝土结构在设计地震力取值偏低的情况下具有足够延性：通过"强柱弱梁"引导结构形成"梁铰机构"或者"梁柱铰机构"；通过"强剪弱弯"避免结构在达到预计延性能力前发生剪切破坏；通过必要构造措施使可能形成塑性铰的部位具有必要的塑性转动能力和耗能能力。这三个方面可以保证结构具有必要的延性。

采用"强柱弱梁"、"强剪弱弯"、强节点、强锚固、强柱根等构造措施保证形成塑性铰的部位具有足够的塑性变形能力和塑性耗能能力，同时保证结构的整体性。

综上所述，与非抗震抗剪相比，抗震抗剪性能是不同的，其性能与剪力作用环境，塑性区延性要求大小有关。框架结构主要就是通过计算和构造措施来实现"追求梁铰机构的能力设计方案"，进而实现"小震不坏，中震可修，大震不倒"的三水准设防目标的。

另外，应分别考虑反映结构抗震设计"共性"和"个性"的两类目标功能水平[25~29]，直接采用可靠度的表达形式，并将结构构件层次的可靠度应用水平过渡到考虑不同功能要求的结构体系可靠度水平上；采用"投资-效益"准则下的基于可靠度的结构优化设计方法。

目前世界上大多数国家的规范虽然已采取了基于概率的极限状态设计思想，这样设计出来的结构的可靠度分布在一个很大的范围内，如根据欧洲规范设计的混凝土结构的可靠指标分布在 3 ~ 6 的范围内[30]，这就使得结构的风险水平模糊不定。

国际标准《结构可靠性总原则》（ISO2394）1996 年修订版[31]强调："体系性能需做慎重考虑，……评估初始原件失效后可能发生体系失效的可能性是有益的。"另外，我国《工程结构可靠度设计统一标准》（GB50153—92）[32]也提出"当有条件时，工程结构宜按结构体系进行设计"。

提出了基于可靠度的结构优化设计模型[33~34]和最优设防荷载[35,36]，与国际标准《结构可靠性总原则》（ISO2394）1996 年修订版中确定可靠性的目标水准的模型中的基本思想是一致的。

2.4.6　我国抗震设计思想中的不足

我国在学习借鉴世界其他国家抗震研究成果的基础上，逐渐形成了自己的一套较为先进的抗震设计思路。其中大部分内容都符合现代抗震设计理念，但是也有许多缺陷。

首先，与国外规范相比，我国抗震规范在对设计烈度和结构抗震等级关系的认识上还存在一定的差距。欧洲和新西兰规范按地震作用降低系数（"中震"的地面运动加速度与"小震"的地面运动加速度之比）来划分延性等级，"小震"取值越高，延性要求越低；"小震"取值越低，延性要求越高。美国 UBC 规范按同样原则来划分延性等级[22]，但在高烈度区推荐使用高延性等级，在低烈度区推荐使用低延性等级。这几种抗震思路都是符合规律的。而目前我国将地震作用降低系数统一取为2.86，还把用于结构截面承载能力设计和变形验算的小震赋予一个固定的统计意义。对延性要求则并未按设计烈度和结构抗震等级关系来取对应的延性值，而是按抗震等级来划分，抗震等级实质又主要是由烈度分区来决定的。这就导致同一个地震作用降低系数对应了不同的抗震等级，从而制定不同的抗震措施，这与设计烈度和结构抗震等级关系是不一致的。这种思路造成低烈度区的结构延性要求可能偏低的结果。

其次，我国"小震不坏，中震可修，大震不倒"的三水准抗震设防目标也存在问题：对甲类、乙类、丙类这三类重要性不同的建筑来说，并不都是恰当的。这种笼统的设防目标也不符合当今国际上的"多层次，多水准性态控制目标"思想，后者提倡在建筑抗震设计中灵活采用多重性态目标。甲类建筑指重大建筑工程和地震时可能发生严重此生灾害的建筑，乙类建筑指地震时使用不能中断或需要尽快修复的建筑，不同类别建筑的重要性不同，所以笼统地使用以上同一个性态目标（设防目标）是不合适的。应该考虑业主的不同要求，选择不同的设防目标，做到在性态目标的选择上更加灵活。

2.5　高层建筑在地震作用下柱的破坏形态

从受力角度来看，随着高层建筑高度的增加，水平荷载（风载及地震作用）对结构起的作用将越来越大。除了结构的内力将明显加大外，结构的侧向位移增

加更快，地震作用二阶效应更加明显，剪力滞后更为显著。

地震震动以波的形式在地下及地表传播，由于震源特点、断层机制、传播途径等因素的不确定性，故具有很大随机性。要想得出地震震动对于不同结构有什么不同的反应，就需要在地震震动特性与结构反应架起一座桥梁。由于地震震动反应谱的形状特征反应了不同类型结构动力最大反应的特点，所以各工程中一般采用地震影响系数谱曲线作为计算地震作用的依据。

地震是地层较深处的板构之间发生剧烈碰撞、变形、抖动等活动，以地震波的形式将能量传递给地基，通过基础传递给上部结构，当结构自振周期与地震波周期相吻合时将会发生共振，数倍于加大结构振幅，使建筑各部分之间的连接被震松，引起结构的破坏。结构自振周期与地震波周期相离越大，结构波动越不明显。结构震动引起混凝土的酥裂，致使保护层脱落，钢筋不能与混凝土很好地共同工作，混凝土有效受压区高度降低，引起承载能力降低，造成破坏，甚至坍塌。有学者[37]总结地震破坏规律为：线性物体直立如初、钢筋铁架抗震最佳、裂开旋扭同时并存、破裂形式如同老化、间隔破裂轻重分带、断裂两盘不受损伤、地面平整起伏罕见、四面开花铅直坠落、地下建筑保存良好、人体抗震胜过厂房等。

但高层建筑投资大，重要程度高，遭受同样的破坏时经济损失、社会效益损失将会更大，所以做好高层建筑抗震设计工作更为重要。

高层建筑最危险、最常见的破坏形式是柱的破坏，尤其需要注意的是短柱的破坏。

2.5.1 短柱判别方法

我国现行《建筑抗震设计规范》[20]和《高层建筑混凝土结构技术规程》[1]对钢筋混凝土短柱的判定均采用"剪跨比"，对于高层建筑的底部柱，剪跨比为：$\lambda = M^c / (V^c h_0)$，式中 M^c 为柱端截面组合弯矩计算值，可取上、下端的较大值；V^c 为柱端截面与组合弯矩计算值相对应的组合剪力计算值；h_0 为柱截面的计算高度。反弯点在中间的框架柱，剪跨比为：$\lambda = H_{c0} / (2h_0)$，式中，$H_{c0}$ 为框架柱的净高度。

所以：①当剪跨比 $\lambda \leqslant 2$ 时，为短柱；②当剪跨比 $\lambda \leqslant 1.5$ 时，为超短柱。

2.5.2 短柱的危害和破坏形态[38~41]

短柱变形能力差、延性差[5~7]，震害调查[8,9]表明，短柱的破坏形态与长柱明显不同，易发生沿斜裂缝截面滑移、混凝土严重剥落等危及结构整体安全的脆性破坏[8]震害及研究表明短柱的破坏形态有以下几种：

（1）斜拉破坏：在水平荷载作用下，在短柱的剪拉区，主拉应力超过混凝土的抗拉强度时，混凝土即出现沿柱的对角线方向的斜裂缝。此后，当箍筋不足以承相拉力而屈服时，裂缝则会急剧扩大并延伸，柱体瞬时破坏。

（2）斜压破坏：一般发生在轴压比较大且中等配箍率或轴压比虽较小但配箍甚多时，破坏特点是沿试件斜压对角方向混凝土斜向柱体被压裂而破坏。首先出现斜向裂缝；随后裂缝发展延伸，将柱身混凝土分成几块；最后柱身全高在主压应力作用下，混凝土块体斜向压溃而发生斜压破坏。

（3）剪拉破坏：柱端局部范围内，发生斜向裂缝，由于箍筋屈服而侧向约束作用减小，斜裂缝迅速发展并贯通全斜截面而使构件发生剪拉破坏。

（4）剪压破坏：一般发生在轴压比较小且配箍率不大或配箍率虽较大但轴压比甚小时，主要特点是破坏时主斜裂缝很明显且其剪压区混凝土酥碎压裂。首先柱身出现水平裂缝，其次出现斜裂缝，此时由于箍筋尚未屈服，混凝土裂缝宽度发展和长度延伸能够得到有效抑制。直至受压区混凝土发生剪压裂缝，然后形成主斜裂缝，短柱开始屈服，最后试件破坏。

（5）黏结破坏：首先沿受拉主筋产生斜向短细裂缝，以后随荷载的增加，逐渐向柱中部产生同样裂缝；最后保护层剥落，引起强度降低而破坏。

（6）高轴压剪切破坏：当轴向力较大时，柱体将产生竖向裂缝，混凝土横向膨胀，在箍筋达到屈服或箍筋末端锚固破坏失去对核心混凝土的侧向约束作用后，构件失去承载力最终被压溃破坏。

综上所述，短柱的破坏特点是裂缝几乎遍布柱的全高，斜向交叉裂缝贯通后，柱的强度急剧下降，破坏发生突然，易引起坍塌，造成的事故是灾难性的，人员、财产损失都十分惨重，如图 2.1（b）所示。

2.5.3 长柱的破坏形态[42]

轴心受压柱由于各种原因可能产生偏心距，随荷载增大将引起附加弯矩和侧向挠度。当柱的长细比较小时，侧向挠度对柱的承载力影响不大。而对于细长柱则不同，侧向挠度 f 的增大使附加弯矩增大，如此相互影响，最终导致轴心受压长柱在轴力和弯矩作用下的失稳破坏。破坏时首先在凹边出现纵向裂缝，随后混凝土被压碎，纵向钢筋压弯向外鼓出，凸边混凝土开裂，柱失去平衡状态，如图 2.1（c）所示。

高层建筑钢筋混凝土带芯分体柱
GAO CENG JIAN ZHU GANG JIN HUN NING TU DAI XIN FEN TI ZHU

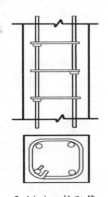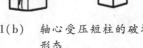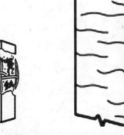

2.1（a） 柱配筋　　　　2.1（b）　轴心受压短柱的破坏　　2.1（c）　轴心受压长柱的破
2.1（a）　column matched　　　　　 形态　　　　　　　　　坏形态
　　　　steel bars　　　2.1（b）　the wreck form of short　2.1（c）　the wreck form of
　　　　　　　　　　　　　column pressed axes　　　long column pressed axes

图2.1　普通箍筋柱的破坏形态[42]

Fig 2.1　the wreck form of column matched common pinchs

2.6　提高钢筋混凝土短柱抗震性能的方法

钢筋混凝土高层建筑高度高、层数多、体量大，下部几层柱的轴力、剪力往往很大，也常常出现短柱、超短柱；工业建筑高大，设备、容器底部的短柱、钢筋混凝土桥墩，也易呈现短柱、超短柱现象。我国现行《建筑抗震设计规范》[20]和《高层建筑混凝土结构技术规程》[1]要求结构抗震必须满足强柱弱梁、强剪弱弯、强节点、强锚固、强柱根的要求，以期实现"大震不倒、中震可修、小震不坏"的三水准，从而实现预防事故、消除隐患、节约投资、取得最佳使用效果的安全性目的。抗震要求柱要有明确一定的延性，为了保证柱的延性，柱的轴压比必须控制在一定的范围内而不能过大，这样就必然会导致框架柱的截面越来越大，从而形成短柱甚至超短柱。

短柱的延性很差，在遭受本地区设防烈度的地震或高于本地区设防烈度的罕遇地震烈度影响时，极易发生剪切破坏、剪压破坏等脆性破坏形式，而造成结构破坏甚至倒塌。

根据短柱的特点和破坏作用机理，国内外专家学者采取了很多有效措施以改善短柱的抗震和破坏形式。

· 34 ·

2.6.1　提高构件的受剪承载力

要提高短柱的受剪承载力，加密箍筋不是解决问题的好办法，这样做的结果往往是由于剪压比过大，柱受压区混凝土压溃发生脆性破坏。主要通过在柱中配置复合箍筋、螺旋箍筋、FRP（纤维增强塑料）[40,41]等，加强对混凝土的约束，使短柱的抗压承载力得到提高，防止短柱在大剪压比情况下发生剪切破坏，如图2.2所示。

（a）复合箍筋柱　　　　（b）螺旋箍筋柱　　　　（c）复式螺旋箍筋柱
(a) column matched　　(b) column matched　　(c) column matched compound
composite pinchs　　　screw pinchs　　　　　　screw pinchs

图 2.2　箍筋柱示意图[38,39]

Fig 2.2　sketch map of pinched column

2.6.2　提高受压承载力

为减小柱子的截面，提高剪跨比，从而改善整个结构的抗震性能：高强混凝土，高强混凝土材料本身的延性较差，不能满足规范要求的建筑物"大震不倒"的要求；增加核心配筋[42,43,44]，有钢筋芯、型钢芯、无间隙弹簧 NCS 芯等，形成芯柱（见图 2.3），即使是相同的剪跨比，由于混凝土承担的轴向压力减小，使柱子的延性得到提高，加上型钢本身有良好的延性，使柱子的延性有较大的提高，从而达到抗震的要求。

（a）核心配置高强钢筋　（b）核心配置型钢　　（c）核心配置无间隙弹簧（NCS）
(a) put strong reinforcing　(b) put reinforcing　　(c) put no – cranny spring in core
bar in core　　　　　　pattern steel in core　　　　　（NCS system）

图 2.3　芯柱示意图[43,44]

Fig 2.3　Sketch Map of Core – Column

与普通钢筋混凝土柱相比，这一方法目前施工相对复杂，尤其是节点处混凝土的浇筑有一定难度；对于剪压比很大的短柱，型钢与混凝土之间黏结不易保证，效果不稳定。

2.6.3 同时提高受剪承载力和受压承载力

在型钢混凝土及螺旋配筋混凝土的基础上又提出了钢管混凝土，即将柱子外包钢管的方法，如图 2.4（a）所示。钢管混凝土[42]是利用钢管和混凝土两种材料在受力过程中的相互作用，即钢管对混凝土的约束作用使混凝土处于受约束状态，从而使混凝土的强度得以提高，塑性和韧性性能大为改善。同时，由于混凝土的存在，可以避免或延缓钢管发生局部屈曲，保证其材料性能的充分发挥；由于钢管混凝土的抗压强度和变形能力，即使在高轴压比情况下，仍可形成在受压区发展塑性变形的"压铰"，不存在受压区先破坏的问题；另外，在钢管混凝土的施工过程中，钢管还可以作为浇筑其核心混凝土的模板，比普通钢筋混凝土节省费用，加快施工速度。总之，钢管混凝土不仅可以弥补钢、混凝土两种材料各自的缺点，而且能够充分发挥二者的优点，是一种比较好的改善短柱抗震性能的方法，但钢管混凝土柱目前在国内外仍有良好的发展前景。

钢管混凝土用钢量较大，节点施工困难，需要特殊的防火处理。综合钢管混凝土与型钢混凝土的优缺点，提出了钢管混凝土叠合柱的方法。即以钢管混凝土柱为核心，承受结构的初期荷载，待结构主体施工到一定程度后，再在钢管混凝土柱外围绑扎钢筋，叠浇混凝土，形成叠合构件。由于后期叠浇混凝土所承受的轴力较小，因此其轴压比也较小，使叠合柱具有较好的抗震性能，同时克服了钢管混凝土用钢量较大、节点施工困难以及需要特殊的防火处理等缺点，如图 2.4（b）所示。

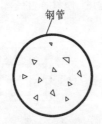

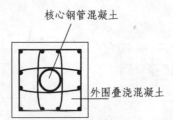

（a）普通钢管混凝土柱　　　　　　　（b）叠合钢管混凝土柱

（a）ordenary tube concrete column　　　（b）superposition tube concrete column

图 2.4　钢管混凝土柱[45]

Fig 2.4　tube concrete column

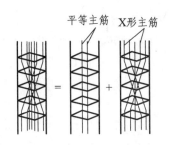

图 2.5　柱中 X 形配筋示意图[46]

Fig 2.5　Sketch Map of Column matched X steel bar

2.6.4　提高受弯承载力和受压承载力

即在柱中配置"X"筋的方法[46]，如图 2.5 所示，从影响结构抗震性能的外因——荷载效应——入手，受梁中弯起筋的启发，想到了 X 形对角线配置的钢筋在受力计算时分解为水平分力和垂直分力，垂直分力保证柱的弯曲承载力，水平分力则协助柱子来承担一部分外剪力，降低了柱子的剪压比，实现了强剪弱弯的设计思想，从而改善了柱子的抗震性能。但这一方法对于剪跨比小于 1.5 的超短柱的效果，目前还需进一步研究。

2.6.5　通过改变材料性能提高柱的承载力

要使混凝土既具有较高的抗压强度又具有较好的延性，目前采用的主要方法是钢纤维混凝土，就是在普通混凝土中掺入乱向分布的短纤维。这些短纤维对混凝土内部微裂缝的扩展和宏观裂缝的发生和发展有很好的阻碍作用，通过这种方法可以提高混凝土的抗拉、抗冲击和抗压性能，尤其与高强度混凝土结合后可以有效地改善短柱的抗震性能，有较好的发展前途，但造价过高，施工工艺复杂。

1. 分体柱

采用隔板将整截面柱分成 2 根、4 根或更多的等截面柱并分开配筋[38,39,47~50]，如图 2.6 所示，其出发点是建筑物抗震性能主要取决于结构物吸收地震能量的能力，这种能力是由其承载力和变形能力的乘积决定的。虽然承载力较低，但具有较大延性的结构，所吸收的能量多，虽然较早出现损坏，但能经受住较大的变形，避免倒塌；反之，承载力较高、变形能力低的脆性结构，吸收能量有限，一旦遭遇到超过设计水准的地震作用，很容易发生脆性破坏而突然倒塌，违背了建筑规范中"大震不倒"的设计原则。与普通钢筋混凝土柱相比，

分体柱的受剪承载力基本不变，受弯承载力稍有降低，但却变形能力和延性均得到显著提高，其破坏形态由剪切型转化为弯曲型，实现了短柱变"长"柱的理想，有效地降低了高层建筑的层高，增加了高层建筑的使用面积；同时，分体柱技术没有特殊材料、工艺等要求，可以降低高层建筑造价。

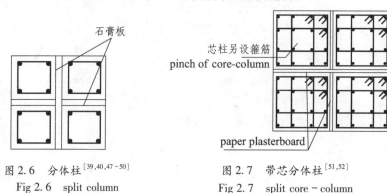

图 2.6 分体柱[39,40,47~50]

Fig 2.6 split column

图 2.7 带芯分体柱[51,52]

Fig 2.7 split core-column

2. 带芯分体柱

在分体柱基础上，增加核心配筋，进一步提高柱的抗震性能，提出带芯分体柱的概念[50,51]，如图 2.7 所示。这种柱集分体柱的剪跨比大因而延性好、变形能力大、不易发生脆性破坏和核心柱的竖向承载能力高、轴压比大的优点于一身，直接变短柱为"长"柱，同时也减小了柱截面积。带芯分体柱抗压承载力提高、抗剪承载力保持基本不变，变形能力和延性显著提高，且柱的破坏形态由剪切型转变为弯曲型，实现变短柱为"长"柱，从而真正实现了竖向承载高、侧向位移大同体共存的理想，从根本上改善了钢筋混凝土短柱的抗震性能，提高了钢筋混凝土高层建筑结构的抗震安全性。

2.7 本章小结

通过对国内外有关短柱研究的大量资料的整理、比较分析可以看出，困扰着钢筋混凝土高层建筑发展的短柱问题已经有很多解决办法。因此在实际工程中，根据具体的工程情况可以选择最经济、最适宜、最有效的方法来提高短柱的抗震性能，避免短柱脆性破坏的发生，使国家财产和人民的生命安全得到更有力的保障，其中钢筋混凝土带芯分体柱是较为理想的结构形式：

（1）带芯分体柱具有钢筋混凝土分体柱和钢筋混凝土核心柱共同的优点，

直接变短柱为"长"柱，改变了短柱的抗震性能，提高了钢筋混凝土高层建筑结构的抗震安全性，变脆性剪切破坏形式为延性破坏形式，实现了"大震不倒"的可能，达到事故损失最小化的安全目的。

（2）利用"芯柱"对轴压比的提高，结合高强混凝土材料，可适当减小柱断面尺寸，从而取得更好地使用空间和经济效益（柱轴压比的提高值与芯柱配筋率、混凝土强度等级以及纵筋类别等多种因素有关[21]）。

（3）结合使用各种消能减震阻尼器，如流体阻尼器连接的藕联结构体系、TMD 调谐质量阻尼器控制系统、新型组合消能减震系统等隔震、消能减震措施，地震应急指挥救援系统，进行多道设防，达到大震不倒、安全疏散、损失最小的目的，创建和谐、绿色、健康社会。

第3章 钢筋混凝土带芯分体柱
正截面受压承载力计算

钢筋混凝土带芯分体柱目前还没有成型的研究成果，但钢筋混凝土带芯分体柱思想的形成是整合原理与钢筋混凝土带芯柱和钢筋混凝土分体柱相结合的产物。根据整合原理，钢筋混凝土带芯分体柱必然拥有钢筋混凝土带芯柱和钢筋混凝土分体柱各自的特点——包括优点和缺点。高层框架房屋和单层厂房中的柱是典型的受压构件，以承受轴向压力为主，并同时承受弯矩、剪力。柱把屋盖和楼层荷载传至基础，是建筑结构中的主要承重构件，桥梁结构中的桥墩、桩、桁架中的受压弦杆、腹杆、刚架、拱等均属受压构件。

受压构件按轴向压力在截面上作用位置的不同可区分为：轴心受压构件、单向偏心受压构件及双向偏心受压构件。

正截面受压分为轴心受压和偏心受压两种情况。

3.1 轴心受压承载力计算理论

建筑结构正截面承载力计算理论和方法在各个国家的规范中大同小异，都是先建立短柱的计算理论，在短柱理论的基础上，再建立中长柱的计算理论，进而建立梁、框架等的计算理论。本书的研究对象是钢筋混凝土带芯分体柱，因为是短柱，计算分析时不考虑柱的稳定和由柱的挠曲、初弯曲等引起的 P——δ 二阶效应。

随着建筑技术的发展，尤其是钢筋混凝土结构技术的发展，钢筋混凝土结构柱出现了多种多样的形式，实际工程中有常用的普通钢筋混凝土柱、钢筋混凝土带芯柱、钢筋混凝土分体柱等。

正截面承载力计算包括轴心受压和偏心受压两种。

3.1.1 普通钢筋混凝土柱正截面受压的承载力计算[1]

混凝土抗压强度高，抗拉强度小，因而脆性大；钢筋抗拉抗压强度都好，并且有屈服台阶，抗震性能好，但价格昂贵。结合两种材料优点制成的普通钢筋混凝土柱正截面轴心受压承载力较大，影响普通钢筋柱正截面轴心受压的承载力的主要因素有：截面面积、钢筋及混凝土强度等级、配筋率、长细比、轴压比、剪跨比和配箍率等。

1. 普通钢筋混凝土柱轴心受压承载力计算公式

钢筋混凝土轴心受压构件，当配置箍筋符合《混凝土结构设计规范》（GB50010—2002）第 10.3.1 和 10.3.2 条规定（主要是规定构件截面尺寸，纵筋和箍筋的根数、直径、间距、配筋率、搭接方式等）时，考虑稳定系数 ϕ［与长细比有关的系数，见《混凝土结构设计规范》（GB50010—2002）表 7.3.1］，其正截面受压的承载力应符合下列规定［1，第 7.3.1 条］：

$$N \leqslant 0.9\phi \; (f_c A + f'_y A'_s) \tag{3-1}$$

式中　N——轴向力设计值；

　　　ϕ——稳定系数（与长细比有关的系数），按规范表 7.3.1 取用；

　　　A——构件截面面积，当纵向钢筋配筋率 $\rho = A'_s / A \geqslant 3\%$ 时，A 改用 $A_c = A - A'_s$；

　　　A'_s——全部纵向钢筋的截面面积。

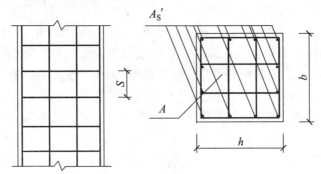

图 3.1　配置箍筋钢筋混凝土轴心受压构件

Fig 3.1　Steel reinforced concrete member pressed in axes with pinch

钢筋混凝土轴心受压构件（见图 3.1），当配置的螺旋式或焊接环式箍筋符合 10.3.3 规定时，考虑稳定系数 ϕ，其正截面受压的承载力应符合下列规定（见文献 1 的 7.3.2 条）：

$$N \leqslant 0.9\phi \; (f_c A_{cor} + f'_y A'_s + 2\alpha f_y A_{sso}) \tag{3-2}$$

$$A_{sso} = \frac{\pi d_{cor} A_{ss1}}{s} \tag{3-3}$$

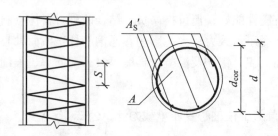

图 3.2　配置螺旋式间接钢筋的钢筋混凝土轴心受压构件

Fig 3.2　Steel reinforced concrete member pressed in axes with spiral indirect reinforcing bar

式中　f_y——间接钢筋的抗拉强度设计值；

　　　A_{cor}——构件的核心截面面积：间接钢筋内表面范围内的混凝土面积；

　　　A_{sso}——螺旋式或焊接环式间接钢筋的换算截面面积；

　　　d_{cor}——构件的核心截面直径：间接钢筋内表面之间的距离；

　　　A_{ss1}——螺旋式或焊接环式单根间接钢筋的截面面积；

　　　s——间接钢筋沿构件轴线方向的间距；

　　　α——间接钢筋对混凝土约束的折减系数（当混凝土强度等级不超过 C50 时，取 1；当混凝土强度为 C80 时，取 0.85，其间按线性内插法确定）。

　　规范规定了柱的最大配筋率限值，在混凝土达到极限压应变的 85% 以前，纵向钢筋与混凝土是可以很好地共同工作的，以后混凝土出现细小的微裂缝，其与钢筋的黏结性能发生变化。混凝土达到极限压应变时，混凝土破碎，钢筋屈服，构件破坏。纵向钢筋配筋率过高时，混凝土压坏，钢筋还没有屈服，出现脆性的"超筋"破坏。纵向钢筋配筋率过小时，柱的受力接近于纯混凝土柱，纵筋将起不到防止脆性破坏的缓冲作用。同时，为了承受可能存在的不大的弯矩以及收缩、温度变化引起的应力，对受压构件的最小配筋率应有所限制。《规范》规定轴心受压构件全部纵向钢筋的配筋率（$\rho = A'_s / A$）不得小于 0.004。从经济和施工方面来考虑，为了不使截面配筋过于拥挤，除采用型钢配筋的柱以外，全部纵向钢筋的配筋率不应大于 5%。

2. 轴压比对钢筋混凝土柱轴心受压承载力的影响

　　在我国《建筑抗震设计规范》[2]（GB 50011—2001）（以下简称"抗规"）中，为了保证普通混凝土框架柱的延性，对轴压比加以严格限制。当采取规定的构造措施（如柱全高采用肢距、间距和直径均符合要求的井字复合箍、复合螺旋箍或连续复合矩形箍等）时轴压比 n 限值可适当提高，但最大不应超过

$1.05^{[2,3,4]}$。这些规定是为了保证框架柱受地震作用时能发生延性好的大偏心受压破坏，使框架结构具有足够的延性，有比较大的屈服后变形能力和耗能能力，在大变形的情况下保持稳定的承载力，实现"大震不倒"的抗震目标。轴压比计算方法如下：

$$n = \frac{N}{f_c A} \qquad (3-4)$$

式中，n 为轴压比，其他各符号意义同上。

抗规[2]第 6.3.7 条规定了多层和高层钢筋混凝土结构房屋的柱轴压比限制值，见表 3.1。当较高的高层建筑建造于 IV 类场地[5]（根据建设场地内土层的组成性质、厚度、及剪切波速确定的等级）时，柱轴压比限值应适当减小。

表 3.1　柱轴压比限值

Tab 3.1　Tthe limit axial - compression ratio of reinforced concrete column

结构类型	抗震等级		
	一	二	三
框架结构	0.7	0.8	0.9
框架-抗震墙，板柱-抗震墙及筒体	0.75	0.85	0.95
部分框支（肢）抗震墙	0.6	0.7	—

根据抗规[2]第 6.3.7 条注 1~5，柱轴压比限值可以比表中有所提高，但最大不能大于 1.05。

3. 剪跨比对钢筋混凝土柱轴心受压承载力的影响

由于短柱的破坏属脆性破坏，工程中应当尽可能避免短柱和超短柱的出现。除了用长细比外，我国现行《建筑抗震设计规范》[2]和《高层建筑混凝土结构技术规程》[6]对钢筋混凝土长短柱的判定均采用"剪跨比"。对于高层建筑的底部柱，剪跨比为

$$\lambda = \frac{M_c}{V_c h_0} \qquad (3-5)$$

式中，M_c 为柱端截面组合弯矩计算值，可取上、下端的较大值；V_c 为柱端截面与组合弯矩计算值相对应的组合剪力计算值；h_0 为柱截面的计算高度。

反弯点在中间的框架柱，剪跨比为

$$\lambda = \frac{H_{c0}}{2h_0}$$

式中，H_{c0} 为框架柱的净高度。

所以，当剪跨比 $\lambda \leqslant 2$ 时，为短柱；当剪跨比 $\lambda \leqslant 1.5$ 时，为超短柱（也称极短柱）。因为稳定性好，短柱、超短柱的正截面承载力不受剪跨比和长细比的影响，只是对破坏形式影响巨大。

4. 配箍率对钢筋混凝土柱轴心受压承载力的影响

钢筋混凝土构件中配置的箍筋对其内部混凝土具有明显的约束作用，可以大大提高抗剪承载力，同时对抗压承载力也有相当的提高作用。但是，相对于抗剪强度，箍筋对钢筋混凝土受压构件抗压承载力的提高还是有限的[4]，因此国内外研究及实际应用中都只将箍筋作为保证柱正截面承载力的手段之一；而在抗剪计算中，全面考虑箍筋的作用。

试验[7~15]表明，配置箍筋的柱，由于箍筋间距较密，对于它所包围的混凝土相当于套筒的作用，能有效地约束这部分混凝土的横向变形，使该区混凝土处于三向受压状态，从而提高其抗压强度。在轴力 N 作用下，当混凝土应力小于 $0.8f_c$ 时，箍筋中应力很小，二者的变形曲线并无区别。当混凝土应变达到极限压应变 $\varepsilon = 0.003$ 时，纵筋已屈服（指正常延性柱），混凝土应力已达到 f_c，箍筋外面的保护层混凝土开始剥落，混凝土截面有所减小，故此时混凝土承载能力有所下降。而箍筋包围的混凝土由于其横向变形受到约束仍能继续受压，其应力已超过了 f_c，补偿了外围混凝土所负担的压力，荷载又逐渐回升。随荷载增大，箍筋中拉应力增大，直到箍筋到达屈服，它对其包围的混凝土的约束作用不再增加，被包围的混凝土的抗压强度也不再提高，混凝土压碎，构件破坏。这时柱的压应变可达 0.01 以上，第二次荷载峰值的大小与箍筋的配筋量有关。配置适量箍筋的柱具有很大的耐受变形的能力，表现出较好的延性。

保证以上混凝土强度提高能力，必须保证短柱的配箍量——体积配箍率 ρ_v：

$$\rho_v \geqslant \lambda_v f_c / f_{yv} \tag{3-6}$$

式中　ρ_v——柱的体积配箍率（一级抗震等级不应小于 0.8%，二级不应小于 0.6%，三级不应小于 0.4%；计算复合箍的体积配箍率时，应扣除重叠部分的箍筋体积；

　　　　f_c——混凝土轴心抗压强度设计值（强度等级低于 C35 时，应按 C35 计算）；

　　　　f_{yv}——箍筋或拉筋抗拉强度设计值，超过 $360N/mm^2$ 时，应取 $360N/mm^2$ 计算；

　　　　λ_v——配箍特征值，按表 4.2[2] 第 6.3.12 条，6 第 6.4.7 条取用。

表 3.2　柱箍筋的最小配箍特征值

Tab 3.2　The minimum pinch eigenvalue of reinforced concrete column

抗震等级	箍筋形式	柱轴压比								
		≤0.3	0.4	0.5	0.6	0.7	0.8	0.9	1.0	1.05
一	普通箍，复合箍	0.10	0.11	0.13	0.15	0.17	0.20	0.23		
	螺旋箍或连续复合矩形螺旋箍	0.08	0.09	0.11	0.13	0.15	0.18	0.21		
二	普通箍，复合箍	0.08	0.09	0.11	0.13	0.15	0.17	0.19	0.22	0.24
	螺旋箍或连续复合矩形螺旋箍	0.06	0.07	0.09	0.11	0.13	0.15	0.17	0.20	0.22
三	普通箍，复合箍	0.06	0.07	0.09	0.11	0.13	0.15	0.17	0.20	0.22
	螺旋箍或连续复合矩形螺旋箍	0.05	0.06	0.07	0.09	0.11	0.13	0.15	0.17	0.20

注：这里选用规范中柱箍筋加密区的体积配箍率，因为本书研究的是短柱，短柱是要全高通长加密的。

另外，《建筑抗震设计规范》（GB50011—2001）第 6.3.12 条注 2，3，4 还规定：框支柱箍筋加密区宜采用复合螺旋箍或井字复合箍，其最小配箍特征值应比表内增加 0.02，且体积配箍率不应小于 1.5%；剪跨比不大于 2 的柱宜采用复合螺旋箍或井字复合箍，其体积配箍率不应小于 1.2%，9 度时不应小于 1.5%。

《高层建筑混凝土结构技术规程》（JGJ3—2002）第 6.4.7 条规定：对一、二、三、四级框架柱其箍筋加密区范围内的体积配箍率尚且分别不能小于 0.8%、0.6%、0.4% 和 0.4%；剪跨比不大于 2 的柱宜采用复合螺旋箍或井字复合箍，其体积配箍率不应小于 1.2%，9 度时不应小于 1.5%；计算复合箍的体积配箍率时，应扣除重叠部分的箍筋体积；计算复合螺旋箍的体积配箍率时，其非螺旋箍筋的体积乘以换算系数 0.8。

综上所述，影响普通钢筋柱正截面轴心受压的承载力的主要因素有：柱截面面积、强度等级及混凝土强度等级、配筋率、长细比、轴压比、剪跨比和配箍率等。

3.1.2　钢筋混凝土带芯柱轴心受压的承载力计算

短柱的延性很差，在遭受本地区设防烈度的地震或高于本地区设防烈度的罕遇地震烈度影响时，极易发生剪切破坏、剪压破坏等脆性破坏，而造成结构破坏甚至倒塌。根据短柱的特点和破坏作用机理，国内外专家学者采取了很多有效措施，改善短柱的抗震和破坏形式。

用增加核心配筋[3,4]的方法，可以给柱"减肥"，增加柱的抗压承载力：有钢筋芯、型钢芯、无间隙弹簧NCS芯等，形成芯柱，如图3.1.3所示，即使是相同的剪跨比，由于混凝土承担的轴向压力减小，使柱子的延性得到提高，加上型钢本身有良好的延性，使柱子的延性有较大的提高达到抗震的要求。事实证明[3,4,16~18]，柱芯钢筋对改善高轴压比下框架柱的抗震性能是有效的，计算钢筋混凝土带芯柱的等效轴压比时，可以考虑核心钢筋的部分作用。

（a）核心配置高强钢筋 （b）核心配置型钢 （c）核心配置无间隙弹簧（NCS）

（a）put strongreinforcing （b）putreinforcing pattern （c）put no‑cranny spring in core

bar in core steel in core （NCS system）

图3.3　芯柱示意图[3,4]

Fig 3.3　Sketch Map of Core‑Column

日本于1987年在东京附近的川琦市建造的一幢30层、平面呈风车形的钢筋混凝土框架——剪力墙结构的建筑物，其1～5层的20根外柱在核心区配置了8根直径为41mm、屈服强度为400MPa的钢筋，用以抵抗倾覆力矩产生的轴压力[18]。

与普通钢筋混凝土柱相比，柱芯配筋柱在轴压比较小的情况下承载力变化不大，但延性大得多[16,17]。在轴压比较大的情况下，柱芯配筋对柱抗压承载力提高较大。但目前型钢和配置无间隙弹簧（NCS）的方法，施工相对复杂，尤其是节点处混凝土的浇筑有一定难度；对于剪压比很大的短柱，型钢与混凝土之间黏结不易保证，效果不稳定；效果最好的是柱芯配置钢筋的做法。

国家自然科学基金重大项目59895410、建设部建筑设计院资助项目《核心配筋柱抗震性能》[4]对柱芯配筋柱进行了充分的研究和论证，得到柱芯配筋柱的承载能力（并提出设计建议）：外力作用下，高轴压比的钢筋混凝土带芯柱的外围纵向钢筋受压屈服，核心钢筋主要处于受压状态，虽然出现拉应力，但没有受拉屈服；破坏时混凝土压坏，混凝土保护层剥落，外围纵筋压屈。钢筋混凝土带芯柱的滞回环比较饱满，滑移现象不严重，具有良好的耗能能力。等效轴压比、配箍特征值和核心钢筋配筋率是影响钢筋混凝土带芯柱弹塑性变形（包括轴向变形）的主要因素。

1. 带芯柱的轴压比

文献[4]认为：用核心钢筋承担轴力优于用周边钢筋承担轴力。其原因是：周边钢筋需要抵抗弯矩的作用，而弯矩对柱芯钢筋的影响小；混凝土保护层开裂、剥落后，周边钢筋和混凝土的黏结作用削弱，而柱芯钢筋和混凝土之间仍有良好的黏结；柱芯钢筋不会发生压曲；即使外围混凝土破坏，柱芯钢筋形成的芯柱仍能抵抗竖向荷载，防止大震下结构倒塌。

带芯柱的最大特点是利用柱芯纵向钢筋抵抗部分轴向压力，因此，采用等效轴压比反映核心纵筋对柱轴压比的影响。试验表明[4]：带芯柱的柱芯配筋通过提高带芯柱的弹塑性变形能力而提高柱的承载力。

等效轴压比 $\bar{n}$ 的定义为

$$\bar{n} = \frac{N}{(A - A_{s0}) f_c + \alpha A_{s0} f_{y0}} \tag{3-7}$$

式中，N 为轴力值；f_c 为混凝土轴心抗压强度；f_{y0} 为核心钢筋屈服强度；A 为柱截面面积；A_{s0} 为柱芯钢筋面积；α 为柱芯钢筋作用系数，反映柱芯钢筋在计算轴压比中的作用。由柱芯钢筋与混凝土的变形协调，可得

$$\alpha = \frac{E_{s0} f_c}{E_c f_{y0}} \tag{3-8}$$

式中，E_{s0} 和 E_c 分别为纵筋和混凝土的弹性模量。其中，E_c 与混凝土的压应力大小即轴压比有关，轴压比小于 0.4 时可以认为混凝土为弹性，取规范规定的弹性模量值；超过 0.4 时，随轴压比增大而减小。因此，α 实质上与轴压比大小有关，因为试验用的短柱和实际工程中的短柱其轴压比远大于 0.4，所以实际 α 一律取为 0.8。

式（3-7）可变换为

$$\bar{n} = \frac{N}{FAf_c} \tag{3-9}$$

式中，F 为截面系数，即钢筋混凝土带芯柱的等效截面面积与实际截面面积之比，用（3-10）式计算：

$$F = 1 + (\alpha f_{y0}/f_c - 1) \rho_{s0} \tag{3-10}$$

其中，ρ_{s0} 为芯部配筋率，F 与 $\bar{n}$ 的乘积为不计入芯部纵筋对钢筋混凝土带芯柱的轴压比 n，即 $n = F \times \bar{n}$。考虑柱芯纵筋与不考虑柱芯纵筋相比，当时的试验结果是：混凝土承担的轴压力降低了最少 9%，最多降低了 24%。这样，在满足混凝土压应变的情况下，轴压力得到提高。

文献[3]给出的轴压比计算公式分为普通柱轴压比和芯部钢筋对柱轴压比提高值两部分，讨论与计算轴压比时值得借鉴：

$$n = \frac{N}{f_c h^2} = 1.69 \frac{C_c}{f_{ck} h^2} + 1.69 \frac{N_{sx1} + N_{sx2}}{f_{ck} h^2} \qquad (3-11)$$

令 $n_1 = 1.69 \dfrac{C_c}{f_{ck} h^2}$，则

$$n_x = 0.845 \rho_x \frac{E_s}{f_{ck}} (0.95 \varepsilon_{cu} - 1.05 \varepsilon_y) \qquad (3-12)$$

式中　　n_1——普通柱截面的轴压比，文献[19]对 n_1 的计算和取值有所讨论和说明；

n_x——界限破坏时芯柱对轴压比的提高值［当柱芯纵向钢筋用 HRB335 （II级）时，$n_x = 228.15 \rho_x / f_{ck}$；当柱芯纵筋为 HRB400 （III级）钢筋时，$n_x = 174.92 \rho_x / f_{ck}$］；

C_c——受压区混凝土压应力的合力；

h——柱截面高度和宽度，文献[3]所取柱截面为边长为 h 的矩形柱；

ε_{cu}——混凝土的极限压应变；

ε_y——钢筋的屈服应变；

E_s——钢筋的弹性模量；

ρ_x——柱芯配筋率，$\rho_x = \dfrac{A_{scor}}{h^2}$；

f_{ck}——混凝土抗压强度标准值，$f_c = f_{ck}/1.40$，f_c 为混凝土抗压强度设计值。

注：文献[3]的轴压比形式虽好，但文中有脱离实际的假定，故本书仍采用文献[4]的做法。

2. 钢筋混凝土带芯柱的配箍率

钢板套箍理论[20,21]证明，混凝土外各种形式的套箍对其内部包裹的混凝土都有强度提高作用，前提是满足配箍率的要求；超过配箍率，对混凝土就不再有强度提高作用。

带芯柱的芯部箍筋是在外部箍筋的作用下，对芯部纵筋与混凝土的二次约束，也就是对芯部混凝土提供更直接、有效的横向约束，可减小芯部混凝土的横向变形，进而有利于提高混凝土的峰值应力和极限压应变，也就是可以提高芯柱

的轴压力。但是，由于芯柱主要起轴心抗压作用，所有试验[3,4,20~22]均表明：在轴压比或者说在等效轴压比限值范围内，箍筋可以提高柱的轴压力，超过轴压比或等效轴压比限值，箍筋对轴压力的提高就不再起作用，但可以提高轴心受压构件的延性。芯柱因为尺寸较小，文献[3,4,20~22]没有直接计入芯部箍筋对柱轴心受压承载力的提高作用，而是将芯部箍筋在轴压比限值的提高上间接反映出来。计算上主要考虑其抗震延性。

3. 钢筋混凝土带芯柱芯部钢筋配筋率

文献[4]对钢筋混凝土带芯柱进行了充分的研究和论证，得到核心配筋柱的承载能力：外力作用下，高轴压比的钢筋混凝土带芯柱的外围纵向钢筋受压屈服，核心钢筋主要处于受压状态，虽然出现拉应力，但没有受拉屈服；破坏时混凝土压坏，混凝土保护层剥落，外围纵筋压屈。钢筋混凝土带芯柱的滞回环比较饱满，滑移现象不严重，具有良好的耗能能力。

公式（3-7）中，截面系数 F 与芯部配筋率 ρ_{s0} 直接相关，并且 F 恒大于1。而 $\bar{n} = \dfrac{N}{FAf_c}$，说明同等轴力作用下，带芯柱的等效轴压比 $\bar{n}$ 是低于同几何尺寸、配筋条件的普通钢筋混凝土柱的轴压比 n 的。反过来说，加入了芯部钢筋，在同等轴力作用下，钢筋混凝土带芯柱可以采用较高的轴压比限值。

试验结果[4]表明：用芯部钢筋承担轴力优于用周边钢筋承担轴力。其原因是：周边钢筋需要抵抗弯矩的作用，而弯矩对芯部钢筋的影响小；混凝土保护层开裂、剥落后，周边钢筋和混凝土的黏结作用削弱，而芯部钢筋和混凝土之间仍良好黏结；芯部钢筋不会发生压曲；即使外围混凝土破坏，芯部钢筋形成的芯柱仍能抵抗竖向荷载，防止大震下结构倒塌。

综上，等效轴压比、配箍特征值和柱芯钢筋配筋率是影响钢筋混凝土带芯柱轴向承载力的主要因素。

3.1.3　钢筋混凝土分体柱轴心受压的承载力计算

在高层建筑结构中，由于柱轴压比的限制，框架柱的截面大、剪跨比小，在结构底部经常形成延性差的短柱甚至超短柱，地震时短柱和超短柱容易发生脆性剪切破坏，导致结构破坏甚至倒塌。钢筋混凝土分体柱技术就是采用隔板将矩形短柱截面（见图 3.4）劈分成 2 根或 4 根、6 根甚至 8 根、9 根独立配筋的等截面单元柱，每个单元柱独立配筋（见图 3.5），使短柱的剪跨比、长细比扩大一倍，

直接变短柱为"长"柱。试验和应用研究表明[23~29]，分体柱会使柱的抗压承载力基本不变、抗弯承载力稍有降低、抗剪承载力不变，而变形能力和延性显著提高，且柱的破坏形态由剪切型转变为弯曲型，实现变短柱为"长"柱，从而从根本上改善钢筋混凝土短柱的抗震性能，提高钢筋混凝土高层建筑结构的抗震安全性。研究成果[24~27]获得了天津市科学技术进步一等奖、国家发明专利和国家实用新型专利，为钢筋混凝土分体柱技术在钢筋混凝土高层建筑结构抗震设计中的应用提供了可靠的理论基础、试验依据和工程实例。目前上海已完成和正在施工建造的上海延安东路东海商业大厦等二十几栋建筑物采用了钢筋混凝土分体柱技术，图3.6为上海延安东路某大厦，其下部几层采用了钢筋混凝土分体柱。

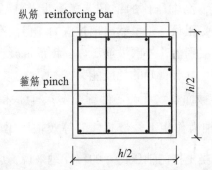

图 3.4　普通钢筋混凝土柱断面

Fig 3.4　Section of a General Reinforced Concrete Column

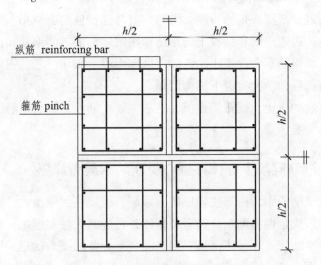

图 3.5　分体柱断面

Fig 3.5　Section of a Split Column

（a）大厦立面图　　　　　　　　（b）使用中的钢筋混凝土分体柱

（a）Obverse surface of the building　　（b）Reinforced Concrete Split Column in use

图 3.6　采用分体柱技术的上海某大厦

Fig 3.6　Technology of Split Column Being Used in a Certain High Building in Shanghai

1. 钢筋混凝土分体柱的轴心受压承载力计算

试验[24~27]表明：短柱制成四个相同的分体柱以后，每个小柱仍然是普通混凝土柱，四个小柱通过中间分隔板相联系，并通过上下端过渡区而共同工作，因而其轴心抗压承载力基本不变，计算中可以扣除隔板部分的面积。文献[26]认为，采用石膏板隔板填缝的分体柱可以实现短柱变"长柱"的设想，分体柱的承载力略低于整截面短柱的承载力，但高于 4 个独立小柱的承载力之和。文献[28]认为，柱子劈开后每个分体柱单元都是一个普通钢筋混凝土柱，因此其轴心受压钢受下列主要因素影响：分体柱截面面积、钢筋及混凝土强度等级、配筋率、轴压比、剪跨比和配箍率等。

分体柱箍筋配置符合《混凝土结构设计规范》（GB50010—2002）第 10.3.1 和 10.3.2 条规定（主要是规定构件截面尺寸，纵筋和箍筋的根数、直径、间距、配筋率、搭接方式等）时，考虑稳定系数 ϕ [与长细比有关的系数，见《混凝土结构设计规范》（GB50010—2002）表 7.3.1]，偏于安全和保守考虑，提出分体柱轴心抗压承载力用下式计算（假设分体柱为一分为四）：

$$N = 4 \times N_i \leqslant 3.6\phi \ (f_c A_i + f'_y A'_{si}) \tag{3-13}$$

式中　N——柱轴向力设计值；

　　　N_i——分体柱每个单元能承担的轴向力设计值；

　　　ϕ——每个分体柱单元的稳定系数（与长细比有关的系数），按规范[1]表 7.3.1 取用；

A_i——每个分体柱单元的截面面积,当纵向钢筋配筋率 $\rho_i = A'_{si}/A_i \geqslant 3\%$ 时,A_i 改用 $A_{ci} = A_i - A'_{si}$;

A'_{si}——每个分体柱单元的全部纵向钢筋的截面面积。

文献中均未考虑研究分体柱配置螺旋箍筋、螺旋矩形箍筋的形式,故本书也暂不做这方面的研究。

同普通钢筋混凝土柱一样,钢筋混凝土分体柱纵向钢筋配筋率过高时,混凝土压坏,钢筋还没有屈服,出现脆性的"超筋"破坏。纵向钢筋配筋率过小时,柱的受力接近于纯混凝土柱,纵筋将起不到防止脆性破坏的缓冲作用。同时,为了承受可能存在的不大的弯矩,以及收缩、温度变化引起的应力,钢筋混凝土分体柱的最小配筋率也应有所限制。按《规范》[1]规定轴心受压构件全部纵向钢筋的配筋率 $\rho_i = A_{si}/A_i$ 不得小于 0.004。从经济和施工方面来考虑,为了不使截面配筋过于拥挤,除采用型钢配筋的柱以外,全部纵向钢筋的配筋率不应大于 5%。

2. 分体柱的轴压比的影响

在我国"抗规"[2]中,为了保证普通混凝土框架柱的延性,对轴压比加以严格限制,分体柱的每个单元柱也都应遵守这个限制。当采取规定的构造措施,如柱全高采用肢距、间距和直径均符合要求的井字复合箍、复合螺旋箍或连续复合矩形箍等)时轴压比 n 限值可适当提高,但最大不应超过 1.05[2,3]。这些规定是为了保证由分体柱构成的框架柱受地震作用时能发生延性好的大偏心受压破坏,使框架结构具有足够的延性,有比较大的屈服后变形能力和耗能能力,在大变形的情况下保持稳定的承载力,实现"大震不倒"的抗震目标。从轴压比公式 $n = \dfrac{N}{f_c A}$ 就可以看出[24]:分体柱一分为四(或一分为二)后,对单个单元柱其轴力 $N_x \approx N/4$(或 $N_x \approx N/2$),而其面积 $A_x \approx A/4$(或 $A_x \approx A/2$),因此单元柱轴压比与整体柱轴压比基本没有区别。

$$n_i = \frac{N/4}{f_c A_i} = \frac{N_i}{f_c A_i} \tag{3-14}$$

式中,n_i 为分体柱各单元的轴压比,其他各符号意义同上。

抗规[2]第6.3.7条规定了多层和高层钢筋混凝土结构房屋的柱轴压比限制值,见表4.1。当较高的高层建筑建造于 IV 类场地[5](根据建设场地内土层的组成性质、厚度、及剪切波速确定的等级)时,分体柱各单元的柱轴压比限值应适当减小。比较而言，分体柱的轴压比同普通钢筋混凝土柱。根据抗规[2]第 6.3.7 条注 1～5，分体柱的轴压比限值可以比表中有所提高，但最大不能大于 1.05。

3. 剪跨比的影响

由于每个分体柱单元就是一个普通的钢筋混凝土柱，柱高相同，但截面宽度减小了一半，因此，剪跨比为

$$\lambda_i = \frac{H_{c0}}{2\,(h_0/2)} = 2\lambda$$

式中，H_{c0} 为分体柱的净高度；h_0 为整个柱的截面宽度，即每个分体柱单元截面宽度的 2 倍。

这样，与同样尺寸的钢筋混凝土柱相比较，剪跨比增加了一倍，这就有可能成为长柱，其破坏特征向延性更好的方向发展。

因此，分体柱剪跨比的增大虽没有提高柱的轴心抗压承载力，但减小了短柱脆性破坏的可能性，对建筑物的安全性还是很有益处的。

4. 配箍率的影响

实验[24]表明：配箍率的增加可以防止分体柱发生斜截面破坏，提高分体柱的承载能力，改善分体柱的抗震性能。

由于箍筋对其内部混凝土的约束作用，可以大大提高抗剪承载力，同时对抗压承载力也有相当的提高作用。但是，相对于抗剪强度，箍筋对钢筋混凝土受压构件抗压承载力的提高还是有限的，因此只将箍筋作为保证分体柱正截面承载力的手段之一；而在抗剪计算中，全面考虑箍筋的作用。

保证以上混凝土强度提高能力，必须保证分体柱的配箍量——体积配箍率 ρ_{vi}：

$$\rho_{vi} \geqslant \lambda_v f_c / f_{yvi} \tag{3-15}$$

式中　ρ_{vi}——分体柱的体积配箍率，一级抗震等级不应小于 0.8%，二级不应小于 0.6%，三级不应小于 0.4%；

　　　f_c——混凝土轴心抗压强度设计值；强度等级低于 C35 时，应按 C35 计算；

　　　f_{yvi}——箍筋或拉筋抗拉强度设计值，超过 360N/mm² 时，应取 360N/mm² 计算；

　　　λ_v——配箍特征值，按表 4.2[2第6.3.12条,6第4.7.7条]取用。

5. 隔板的影响

隔板是使分体柱单元之间相互连接又相互分隔的材料，其材料性质（指弹性模量、与混凝土之间的摩擦系数等）决定了其与混凝土共同工作的性质，也影响着钢筋混凝土分体柱的工作特性。文献[24~27]用的分缝板均是纸面石膏板，故本书也只讨论纸面石膏板。

加载初期，由于荷载值较小，隔板与两侧混凝土协调工作，截面应变分布类似整截面柱；随着荷载的增加，隔板材料逐渐首先压坏，由于隔板材料与混凝土之间存在摩擦力，将约束隔板两侧混凝土的变形，使得隔板两侧小柱截面内边缘的应变均小于外边缘的应变，且摩擦力越大，内边缘应变值就越小，与外边缘应变值相差也就越大；随着荷载的继续增加，隔板与混凝土之间的摩擦力逐渐减小直至完全消除，两侧小柱截面的中和轴逐渐走向各单元柱截面的中心。

所以分体柱不能选用强度太高的材料作为分缝板。

3.2 钢筋混凝土带芯分体柱的力学性质

钢筋混凝土带芯分体柱目前还没有研究成果，但钢筋混凝土带芯分体柱思想的形成是叠加原理与钢筋混凝土带芯柱和钢筋混凝土分体柱相结合的产物。作为轴心受压构件，根据叠加原理钢筋混凝土带芯分体柱将芯部钢筋与混凝土相叠加，组成一个特殊的整体而共同工作，并将二者的特点叠加，发挥各自的长处。钢筋混凝土带芯分体柱必然拥有钢筋混凝土带芯柱和钢筋混凝土分体柱各自的特点——包括优点和缺点。

3.2.1 整合的计算方法

叠加[30]是指将同一事物的不同性质或同一事物同类性质协调、配合在一起加以考虑的物理原理。许多新成果都是叠加原理的产物，如钢筋混凝土叠和构件、钢-混凝土组合结构、钢集混凝土等，中国工程建设标准化协会标准《钢管混凝土结构设计与施工规程》（CECS28：90）[31]根据这个思想确定了计算方法。

考虑带芯柱的强抗压工作性能和分体柱剪跨比大、抗侧移能力强的优点，将带芯柱与分体柱相叠加，形成一种新型结构构件——带芯分体柱，见图 3-6。

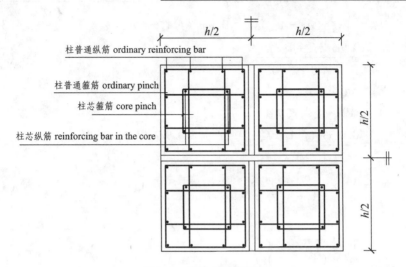

图 3.6　带芯分体柱断面

Fig 3.5　Section of a Split Core – Column

用增加核心配筋[3,4]的方法，可以给柱"减肥"，增加柱的抗压承载力：有钢筋芯、型钢芯、无间隙弹簧 NCS 芯等，形成芯柱，如图 3.1.3 所示，即使是相同的剪跨比，由于混凝土承担的轴向压力减小，使柱子的延性得到提高，加上型钢本身有良好的延性，使柱子的延性有较大的提高达到抗震的要求。事实证明[3,4,16~18]，柱芯钢筋对改善高轴压比下框架柱的抗震性能是有效的，计算钢筋混凝土带芯柱的等效轴压比时，可以考虑核心钢筋的部分作用。

3.2.2　钢筋混凝土带芯分体柱轴心受压承载力计算

下面讨论钢筋混凝土带芯分体柱的轴心受压承载力计算方法。

分体柱轴心受压承载力为

$$N = 4 \times N_i \leqslant 3.6\phi \ (f_c A_i + f'_y A'_{si})$$

将带芯柱轴压比公式：$\bar{n} = \dfrac{N}{(A - A_{s0}) f_c + \alpha A_{s0} f_{y0}}$ 写成承载力形式：

$$N = \bar{n} \times \ (A - A_{s0}) f_c + \alpha \bar{n} A_{s0} f_{y0} \qquad (3-16)$$

将式（3-16）右端第一项即为普通柱轴心受压承载力，记为 N_{i1}；将第二项为芯柱的承载力，记为 N_{i2}。将式（4-13）和式（4-16）叠加，则当带芯分体柱受轴心压力 $N = m N_i^{sc}$（其中 m 为每个带芯分体柱的单元柱数量，本书仅研究一分为四的情况）时，每个分体单元的轴心受压承载力公式为

$$N_i^{sc} = N_{i1}^{sc} + N_{i2}^{sc} \qquad (3-17)$$

$$N_{i1}^{sc} = \bar{n}_i^{sc} \times (A_i - A_{si0}) f_c = 0.9\phi (f_c A_i + f_y' A_{si}') \qquad (3-18)$$

$$\bar{n}_i^{sc} = \frac{0.9\phi (f_c A_i + f_y' A_{si}')}{(A_i - A_{si0}) f_c} \qquad (3-19)$$

$$N_{i2}^{sc} = \alpha \bar{n}_i^{sc} A_{si0} f_{y0} \qquad (3-20)$$

将式 (4-19) 代入式 (4-20)，得

$$N_{i2}^{sc} = \frac{0.9\alpha\phi (f_c A_i + f_y' A_{si}')}{(A_i - A_{si0}) f_c} A_{si0} f_{y0} = \frac{0.9\phi (f_c A_i + f_y' A_{si}')}{(A_i - A_{si0}) f_c} \alpha A_{si0} f_{y0} \qquad (3-21)$$

$$N_{i2}^{sc} = N_{i1}^{sc} \times \frac{\alpha A_{si0} f_{y0}}{(A_i - A_{si0}) f_c} \qquad (3-22)$$

得

$$N_i^{sc} = N_{i1}^{sc} + \frac{\alpha A_{si0} f_{y0}}{(A_i - A_{si0}) f_c} N_{i1}^{sc} \qquad (3-23a)$$

$$N_i^{sc} = N_{i1}^{sc} \times \left[1 + \frac{\alpha A_{si0} f_{y0}}{(A_i - A_{si0}) f_c} \right] \qquad (3-23b)$$

将式 (4-18) 代入式 (4-23)，得

$$N_i^{sc} = 0.9\phi (f_c A_i + f_y' A_{si}') \times \left[1 + \frac{\alpha A_{si0} f_{y0}}{(A_i - A_{si0}) f_c} \right] \qquad (3-24)$$

式中　N——柱轴压力设计值；

N_i^{sc}——每个带芯分体柱单元的轴心受压承载力设计值，上角标 sc 表示带芯分体柱（split core-column）；

$\bar{n}_i^{sc}$——每个带芯分体柱单元考虑了芯部纵筋的轴压力贡献后的等效轴压比，也是整个带芯分体柱的等效轴压比；

f_c——混凝土轴心抗压强度；

f_{y0}——柱芯钢筋屈服强度；

A_i——每个带芯分体柱单元截面面积（当普通纵向钢筋配筋率 $\rho_i = A_{si}'/A_i \geqslant 3\%$ 时，A_i 改用 $A_{ci} = A_i - A_{si}'$ 代替）；

A_{si0}——每个带芯分体柱单元柱芯钢筋面积；

A_{si}'——每个带芯分体柱单元普通纵向受压钢筋面积；

α——柱芯钢筋作用系数，反映柱芯钢筋在计算轴压比中的作用，同式 (3-8)：$\alpha = \dfrac{E_{s0} f_c}{E_c f_{y0}}$（其中 E_{s0} 和 E_c 分别为柱芯纵筋和混凝土的弹性模量，E_c 与混凝土的抗压强度大小即轴压比有关；试验[4]认为：轴压比小于 0.4 时可以认为混凝土为弹性，取规范规定的弹性模量值；

超过 0.4 时，随轴压比增大而减小。因此，α 实质上与轴压比大小有关，因为试验用的短柱和实际工程中的短柱其轴压比将远大于 0.4，所以 α 建议也取为 0.7）；

ϕ——每个分体柱单元的稳定系数（与带芯分体柱各个单元长细比有关的系数），按规范[1]表 7.3.1 取用。

取用时计算长度取每个带芯分体柱单元的计算长度 l_0，宽度 b 取每个带芯分体柱单元的截面的短边边长。当 $l_0/b \leq 8$ 时，$\phi = 1.0$，随长细比 l_0/b 增大，ϕ 值近乎线性减小，混凝土强度及配筋率对 ϕ 的影响较小。见表 3.3[1表7.3.1]。

公式（4-24）即为带芯分体柱轴心受压承载力计算公式。

表 3.3　钢筋混凝土轴心受压构件的稳定系数

Tab 3.3　The stabilization coefficient of reinforced concrete piece pressed on axes

l_0/b	≤ 8	10	12	14	16	18	20	22	24	26	28
l_0/i	≤ 28	35	42	48	55	62	69	76	83	90	97
ϕ	1.00	0.98	0.95	0.92	0.87	0.81	0.75	0.70	0.65	0.60	0.56
l_0/b	30	32	34	36	38	40	42	44	46	48	50
l_0/i	104	111	118	125	132	139	146	153	160	167	174
ϕ	0.52	0.48	0.44	0.40	0.36	0.32	0.29	0.26	0.23	0.21	0.19

注：表中 l_0 为构件的计算长度，因为带芯分体柱上下两端受节点和基础的约束，故本书建议取实际钢筋混凝土分体柱净高；b 取每个带芯分体柱单元的截面的短边边长；i 为截面最小回转半径（将来研究将圆柱、椭圆柱或其他截面形状的柱作成分体柱时要用到）。

由式（3-22）可以看出：影响钢筋混凝土带芯分体柱轴心抗压承载力的因素主要有：截面尺寸、强度等级及混凝土强度等级、配筋率、长细比（稳定系数是与长细比、剪跨比有关的系数，实际上轴心受压构件的稳定系数受截面尺寸和计算长度控制）、轴压比、剪跨比和配箍率等。

本书暂不做配置螺旋箍筋、螺旋矩形箍筋和芯部配置螺旋箍筋、螺旋矩形箍筋的形式的研究。

3.2.3　钢筋混凝土带芯分体柱轴心受压构件的计算

1. 钢筋混凝土带芯分体柱的轴压比

公式（3-4）是轴压比的定义公式，也就是轴压力与全截面混凝土极限抗

压承载力的比值。为了保证普通混凝土框架柱的延性，对轴压比加以严格限制。时轴压比 n 限值可适当提高，但最大不应超过 1.05[2,3]。这些规定是为了保证框架柱受地震作用时能发生延性好的大偏心受压破坏，使框架结构具有足够的延性，有比较大的屈服后变形能力和耗能能力，在大变形的情况下保持稳定的承载力，实现"大震不倒"的抗震目标。轴压比计算方法如下：

$$n = \frac{N}{f_c A}$$

式中，n 为普通钢筋混凝土柱的轴压比。钢筋混凝土带芯分体柱的轴压比：

$$n^{sc} = \frac{N_i^{sc}}{A_i f_c} = \frac{N_{i1}^{sc} + N_{i2}^{sc}}{A_i f_c} = \frac{N_{i1}^{sc}}{A_i f_c} + \frac{N_{i2}^{sc}}{A_i f_c}$$

$$= \frac{0.9\phi\ (f_c A_i + f_y' A_{si}')}{A_i f_c} + \frac{\dfrac{0.9\phi\ (f_c A_i + f_y' A_{si}')}{(A_i - A_{si0})\ f_c}\alpha A_{si0} f_{y0}}{A_i f_c}$$

$$= \frac{0.9\phi\ (f_c A_i + f_y' A_{si}')}{A_i f_c} \times \left[1 + \frac{\alpha A_{si0} f_{y0}}{(A_i - A_{si0})\ f_c} \right]$$

$$= n \times \left[1 + \frac{\alpha A_{si0} f_{y0}}{(A_i - A_{si0})\ f_c} \right] \Rightarrow$$

$$n^{sc} = n + \frac{\alpha n A_{si0} f_{y0}}{(A_i - A_{si0})\ f_c} \qquad (3-25)$$

式（3-25）是钢筋混凝土带芯分体柱换算轴压比，等式右端第一项为普通钢筋混凝土柱的轴压比，其限制值应当满足表 4.1 普通钢筋混凝土柱轴压比限制值的规定；等式右端第二项为芯部钢筋对钢筋混凝土带芯柱的轴压比的增量，与钢筋及混凝土的材料系数、芯部配筋量、面积特征系数有关。

2. 钢筋混凝土带芯分体柱的配箍率

混凝土外部各种形式的套箍在满足最大、最小配箍率要求的前提下对其内部包裹的混凝土都有强度提高作用，超过配箍率对混凝土就不再有强度提高作用，但对抗震有侧移能力提高的作用；低于最小配箍率的要求不会起到套箍作用。

带芯分体柱的芯部箍筋是在外部普通箍筋对柱的约束作用基础上，对芯部纵筋与混凝土的进一步约束，有利于防止大尺度截面柱内部混凝土的裂缝，也就是对芯部混凝土提供更直接有效的横向约束，可减小芯部混凝土的横向变形，进而提高混凝土的峰值应力，阻止极限压应变的快速出现，也就是可以提高芯柱的轴压力。

同样，由于芯柱主要起轴心抗压作用，所有试验[3,4,20~22]均表明：在轴压比或者说在钢筋混凝土带芯分体柱等效轴压比限值范围内，箍筋可以提高柱芯的轴压力，超过轴压比限值，箍筋对轴压力的提高就不再起作用，但可以提高轴心受压构件的延性。又因为芯柱尺寸较小，计算轴心受压时，不直接计算箍筋对钢筋混凝土带芯分体柱轴压力的提高作用，将其反映间接在轴压比限值的提高上。文献[3,4,20~22]没有直接计入芯部箍筋对柱轴心受压承载力的提高作用，而是将芯部箍筋在轴压比限值的提高上间接反映出来，计算上主要考虑其抗震延性。

3. 钢筋混凝土带芯分体柱芯部钢筋配筋率

从钢筋混凝土带芯分体柱轴心受压承载力计算公式（3-24）可以看出，柱中纵筋——无论是普通纵筋还是芯部纵筋，对轴压承载力都有影响，尤其是芯部纵筋，直接关系着钢筋混凝土带芯分体柱相对于普通钢筋混凝土柱轴压承载力提高值的大小。

外力作用下，钢筋混凝土带芯分体柱在低轴压比的情况下，芯柱的抗压作用不会太明显；高轴压比时外围纵向钢筋受压屈服，芯部钢筋主要处于受压状态，虽然由于偏心和初始偏心可能会出现拉应力，但不会受拉屈服；破坏时混凝土压坏，混凝土保护层剥落，外围纵筋压屈。钢筋混凝土带芯分体柱的滞回环应当饱满，没有明显的滑移现象，耗能能力良好。

配筋对轴压力有提高作用，但配筋率同样不能无限提高。外围普通钢筋混凝土柱的纵向配筋率应当符合《混规》[1]第10.3.1条：全部普通纵向受力钢筋的配筋率不宜大于5%；表9.5.1：受压构件全部全部纵向钢筋的最小配筋百分率为0.6，一侧纵向钢筋最小配筋百分率为0.2。芯部外围混凝土开裂前对芯部钢筋的保护、黏结、化学胶着、摩擦和机械咬合力均大于柱外保护层对普通钢筋的作用，因此芯柱最大配筋率应可以提高。但配筋量过高、钢筋过密，会影响与混凝土之间的相互作用。因此，芯部钢筋的最大全部配筋率也不宜大于5%，最小根据荷载作用情况，可以为0。

钢筋的配置构造应符合《混规》[1]第9.3、第9.4和第10.3条的规定。

4. 隔板的影响

同普通分体柱一样，隔板是使带芯分体柱单元之间相互连接又相互分隔的材料，其材料性质（指弹性模量、与混凝土之间的摩擦系数等）决定了其与混凝土共同工作的性能，也影响着钢筋混凝土带芯分体柱的工作特性。因为已建成建筑物和以往分体柱的研究大多采用纸面石膏板作为分缝板，故本书也只讨论纸面

石膏板。与钢筋混凝土相比,纸面石膏板抗拉、抗压强度不是很高,与混凝土之间的相对摩擦力适中,本身具有一定刚度,浇筑混凝土时不至于产生过大的变形。

加载初期,由于荷载值较小,隔板与两侧混凝土协调工作,截面应变分布类似整截面柱;随着荷载的增加,隔板材料因为脆性大,逐渐首先压坏,由于隔板材料与混凝土之间存在摩擦力,将约束隔板两侧混凝土的变形,使得隔板两侧小柱截面内边缘的应变小于外边缘的应变,且摩擦力越大,内边缘应变值就越小,与外边缘应变值相差也就越大;随着荷载的继续增加,隔板与混凝土之间的摩擦力逐渐减小直至完全消除,两侧小柱截面的轴向压应力峰值逐渐走向各单元柱截面的中心。

所以,带芯分体柱也不能选用强度太高的材料作为分缝板。

3.3 偏心受压破坏形态与特征

现实工程结构中高层建筑钢筋混凝土框架结构、框架剪力墙结构中的柱都不是理想的轴心受压构件,由内力分配产生的弯矩与重力及其他竖向荷载几乎一直存在,只是不同时刻、不同分析状态会出现不同的组合,设计时取最不利内力组合进行构件正截面、斜截面设计与计算。同时承受轴向压力 N 及弯矩 M 作用的构件,等效于偏心距为 $e_0 = M/N$ 的偏心受压构件。钢筋混凝土偏心受压构件的受力性能、破坏形态介于受弯构件与轴心受压构件之间。当 $N = 0$ 时,为受弯构件;当 $M = 0$ 时,为轴心受压构件,故纯受弯构件和轴心受压构件相当于偏心受压构件的两种特殊情况。

钢筋混凝土带芯分体柱的每个小单元就是一个钢筋混凝土带芯柱,由于有芯部钢筋参与受压、分缝使整体刚度降低和分缝板的协调黏结作用,使得钢筋混凝土带芯分体柱受压能力提高,混凝土相对受压区高度降低,在一定范围内使柱体由小偏心受压变成大偏心受压;抗弯承载力降低,但抗弯承载力高于各单元柱正截面抗弯承载力之和[27,28]。

钢筋混凝土偏心受压构件无论是否对称配筋 $(A_s' = A_s)$ 由于轴向力 N 的偏心距 e_0 和配筋率 ρ 的不同可以有如图 3.7[31] 所示两种破坏特征:小偏心和大偏心受压破坏,小偏心破坏属脆性破坏,大心破坏属塑性破坏。

3.3.1 钢筋混凝土偏心受压构件的破坏形态与破坏特征

从图 3.7 中可以看出,钢筋混凝土偏心受压构件的破坏形态共有四种,但从破坏原因、破坏性质以及决定构件极限承载力的主要因素来看，可以归结为受压和受拉两种破坏特征。

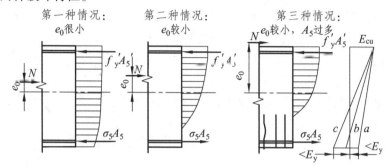

（a）小偏心受压破坏

（a）thebreakage pressed on small eccentricity

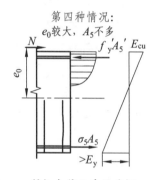

（b）大偏心受压破坏

（b）thebreakage pressed on big eccentricity

图 3.7　偏心受压构件的破坏形态与破坏特征[31]

Fig 3.7　the breakage forms and earmarks of a reinforced concrete member pressed on eccentricity

1. 受压破坏——小偏心受压

图 3.7 中第（一）、（二）、（三）三种破坏形态属于这种破坏特征，即破坏是由于受压区混凝土达到极限抗压强度，距轴力较远一侧的钢筋，无论是受压——第一种情形或受拉——第二、三种情形，一般均未达到屈服。其承载力主要取决于受压区混凝土及受压钢筋，故称为受压破坏。这种破坏缺乏足够的预兆（裂缝开展不明显，变形也没有急剧增长），属脆性破坏。形成小偏心受压破坏的条件是：偏心距小或偏心距虽然较大而配筋率较高。在设计中，一般应避免出现偏心距较大而配筋率较高的情况，故设计上通称受压破坏为小偏心受压。

2. 受拉破坏——大偏心受压

破坏是由于受拉钢筋屈服而导致受压区混凝土受压破坏，与适筋梁相似[4]，其承载力主要取决于受拉钢筋，故称为受拉破坏。构件破坏前有明显的预兆，裂缝显著开展，变形急剧增大，属塑性破坏。形成大偏心受压破坏的条件是：偏心距大，且受拉钢筋配筋率不高。

设计上称这种情况为大偏心受压，是理想的破坏形态。

3.3.2 钢筋混凝土带芯柱偏心受压的破坏形态与破坏特征

带芯柱设置芯部钢筋的最初目的是提高钢筋混凝土柱的轴心抗压能力，提高轴压比限值。由于芯部钢筋通常位于截面 1/3 附近[4]，一般处于受压状态，所以只有偏心距很大时才有可能参与受拉，此时，居于柱体外侧的普通受拉钢筋首先达到屈服。芯部纵筋有可能参与受拉，由于平截面假定，芯部钢筋拉应力在外部普通受拉钢筋屈服前基本处于弹性受拉阶段。当芯部钢筋屈服时，外侧钢筋变形已经达到"2"，也就是发生延性比大于等于"2"的柱芯部钢筋才能进入屈服状态。实际上达到"2"屈服变形时的钢筋混凝土结构已是不可修复的破坏形态了。所以，目前作为主要承重构件的带芯柱研究均不考虑芯部钢筋受拉作用，只考虑其受压作用，如图 3.8 所示。

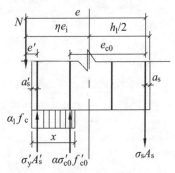

图 3.8 柱芯钢筋受力的情况

Fig 3.8 Circumstances of Reinforcing Bars Being Forced

由此建立平衡方程如下[32~40]：

$$\left.\begin{aligned} N &= \int_A \sigma \mathrm{d}A \\ M &= \int_A \sigma y \mathrm{d}A \end{aligned}\right\} \qquad (3-26)$$

$$M = N \times y \tag{3-27}$$

式中，y 为轴力作用点到柱中心的距离，也就是偏心距，对偏心受压构件就是 e_0，考虑初始偏心等影响，就是 ηe_i；其余各符号意义见 3.4.2 节。

3.3.3 钢筋混凝土分体杆偏心受压的破坏形态与破坏特征

文献[27]表明：若分体柱由四个独立小柱来共同承担压力和弯矩，根据《凝土结构设计规范》（GBJ50010—2002）中钢筋混凝土偏心受压构件正截面承载力的设计计算方法，对分体柱进行正截面承载力的计算，通过计算值与实验值的比较可以看出，按规范公式得到的截面承载力不但有较好的精度，而且是偏于安全的，而设计计算方法与通常设计所依据的混凝土规范方法相同。因此，在实际工作中分体柱的正截面承载力可以偏于安全的依据《凝土结构设计规范》（GBJ50010—2002）关于偏心受压柱承载力的计算方法，按照四个独立小柱的受弯曲承载力之和计算。

3.4 钢筋混凝土带芯分体柱偏心受压基本理论

3.4.1 基本假定

与其他钢筋混凝土结构研究相似，先做基本假定和边界条件限制。钢筋混凝土带芯分体柱偏心受压构件正截面承载力计算采用下列基本假定：

（1）截面的平均应变保持平面假定，即正截面应变按线性规律分布。

（2）受拉区拉力全部由普通受拉钢筋承担，不考虑芯部钢筋抗拉和混凝土的抗拉强度，见图 3.8。

（3）混凝土的极限压应变 $\varepsilon_{cu} = 0.0033$。

（4）受压区混凝土采用等效矩形应力图，其强度等于混凝土抗压强度设计值 f_c。矩形应力图的高度 x 等于混凝土曲线应力图形高度乘以系数 β_1。混凝土强度不高于 C50 时，取为 0.8；混凝土强度高于 C80 时，取为 0.74，中间线性内插[31,74页]。

根据上述基本假定，受拉钢筋到达 f_y 同时受压区混凝土到达 f_c 时的相对界限受压区高度 ζ_b 与受弯构件相同。

当相对受压区高度 $\zeta = x/h_0 \leqslant \zeta_b$ 时，为受拉钢筋到达屈服的大偏心受压情

况；当 $\zeta \geqslant \zeta_b$ 时为受拉钢筋未达屈服的小偏心受压情况。

钢筋混凝土带芯分体柱的每个小单元就是一个钢筋混凝土带芯柱，由于有芯部钢筋参与受压、分缝使整体刚度降低和分缝板的协调黏结作用，使得钢筋混凝土带芯分体柱受压能力提高，混凝土相对受压区高度降低，在一定范围内使柱体由小偏心受压变成大偏心受压；抗弯承载力降低，但抗弯承载力高于各单元柱正截面抗弯承载力之和[27]。

3.4.2　钢筋混凝土带芯分体柱的整体工作情况

由试验[27]可知，钢筋混凝土带芯分体柱的抗弯承载力低于按整截面设计的普通钢筋混凝土柱，但是高于各单元柱正截面抗弯承载力之和。主要原因是：隔板与混凝土之间存在摩擦，对混凝土变形有一定的约束，所以受弯能力高于各单元柱正截面抗弯承载力之和；隔板本身有一定刚度，能承受一定剪力和弯矩，因此有隔板比没有隔板的构件受弯、受剪承载力都稍高，但由于纸面石膏板，刚度比较小，所以这一作用效果并不十分可观，可以忽略不计，所以本书均按四个柱单元的合力作为钢筋混凝土带芯分体柱的承载能力，如图 3.9 所示，柱截面的协调变形情况见图 3.10。

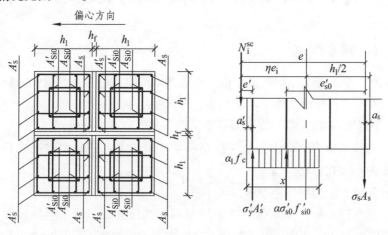

图 3.9　带芯分体柱柱芯钢筋受力的情况

Fig 3.9　Circumstances of Reinforcing Bars Being Forced of reinforced concrete split core - column

钢筋混凝土带芯分体柱受力初期其变形同正截面柱相同，截面变形见图 3.10（a），随着荷载、变形的加大，各单元柱间产生相对位移分缝板与柱侧混凝土之间产生摩擦，它将阻止隔板两侧混凝土的变形，这样就使得每个小柱截面内边缘的应变小于外边缘的应变，见图 3.10（b），随着荷载、变形的进一步加大，而且摩擦力越大，内边缘应变值越小，与外边缘应变相差越大，这样就使每个小柱截面的中和轴随着摩擦力的减小由整截面中心向各小柱截面中心移动，直到隔板失去对柱单元之间的黏结作用，成为四个独立的小柱，见图 3.10（c）。

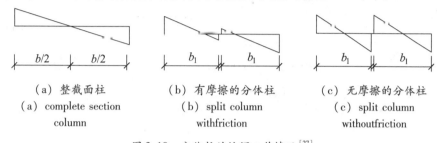

（a）整截面柱　　　　　　（b）有摩擦的分体柱　　　　（c）无摩擦的分体柱
（a）complete section　　　（b）split column　　　　　（c）split column
　　　　column　　　　　　　　withfriction　　　　　　　withoutfriction

图 3.10　分体柱的协调工作情况[27]

Fig 3.10　Circumstances of Integral working effect of reinforced concrete split column

3.4.3　钢筋混凝土带芯分体柱的正截面承载力计算公式

钢筋混凝土柱在顶部剪力作用下，柱内剪应力延柱高等值分布，弯矩呈三角形分布，最大值在柱顶和柱底，如图 3.11 所示，其变形如图 3.12 所示。带芯分体柱的每个柱单元有过渡区的柱子抗弯能力比没有的强，本书研究的是有过渡区的钢筋混凝土带芯分体柱。

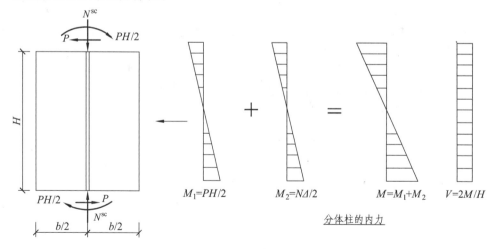

$M_1 = PH/2$　　　$M_2 = N\Delta/2$　　　$M = M_1 + M_2$　　$V = 2M/H$

分体柱的内力

图 3.11　钢筋混凝土柱的内力

Fig 3.11　internal force of reinforced concrete column

根据平衡关系（见图 3.8）可写出每个单元柱偏心受压承载力基本公式：

$$N_i^{sc} \leqslant \alpha_1 f_c b_1 x + f_y' A_s' + \alpha \sigma_{ci0}' A_{si0}' - \sigma_s A_s \tag{3-28}$$

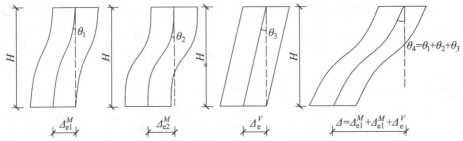

图 3.12 钢筋混凝土柱的变形

Fig 3.12 distortion of reinforced concrete column

$$N_i^{sc} e \leqslant \alpha_1 f_c b_1 x \left(h_0 - \frac{x}{2} \right) + f_y' A_s' \ (h_0 - a_s') \ + \alpha \sigma_{ci0}' A_{si0}' e_{s0}' \qquad (3-29)$$

将相对受压区高度 $\xi = x/h_0$ 代入式 (5-4) 得

$$N_i^{sc} e \leqslant \alpha_1 f_c b_1 h_0^2 \xi \left(1 - \frac{\xi}{2} \right) + f_y' A_s' \ (h_0 - a_s') \ + \alpha \sigma_{ci0}' A_{si0}' e_{s0}' \qquad (3-30)$$

$$e = \eta e_i + \frac{h_1}{2} - a_s \qquad (3-31)$$

$$e_i = e_0 + e_a \qquad (3-32a)$$

$$e' = \frac{h_1}{2} - a_s' - \ (e_0 - e_i) \qquad (3-32b)$$

式中 e——轴向力作用点至受拉钢筋合力之间的距离;

　　　e_i——初始偏心距;

　　　a_s——受拉钢筋的合力点至截面近边缘的距离;

　　　e_0——各带芯分体单元柱所分担的轴向力对该单元柱截面中心的偏心距:

$$e_0 = M_i^{sc}/N_i^{sc} \qquad (3-33)$$

　　　e_{s0}'——柱芯受压钢筋合力作用点到受拉钢筋合力之间的距离, 本书研究的情况是柱芯钢筋设置在柱中 1/3 处, 因此:

$$e_{s0}' = \frac{2h_1}{3} - a_s \qquad (3-34)$$

　　　e_a——附加偏心距, 取 $e_a = (20, \ h_1/30)_{max}$[1];

　　　M_i^{sc}, N_i^{sc}——各带芯分体单元柱所分担的按抗震等级调整的弯矩设计值
　　　　　　　　　　(带芯分体柱本书按一分为四考虑研究);

$$M_i^{sc} = M^{sc}/4 = M_c/4 \qquad (3-35)$$

$$N_i^{sc} = N^{sc}/4 = N_c/4 \qquad (3-36)$$

α——芯部钢筋参与系数，保守取 0.7；

$$\xi——相对受压区高度，\xi = \frac{x}{h_{10}} \qquad (3-37)$$

$\sigma_y{}'$，σ_s——普通受压、拉钢筋应力；

$A_s{}'$，A_s——普通受压、拉钢筋面积；

$\sigma_{si0}{}'$，$A_{si0}{}'$——芯部钢筋受压应力、面积；

α_1——系数（当 $f_{cuk} \leqslant 50\text{N/mm}^2$ 时，α_1 取为 1.0；当 $f_{cuk} = 80\text{N/mm}^2$ 时，α_1 取为 0.94，其间按直线内插法取用）；

η——长细比。

当 $l_0/h_1 > 8$ 时考虑二阶弯矩影响的轴向力偏心距 e_i 增大系数[31]；$l_0/h_1 \leqslant 8$ 时，取 $\eta = 1$：

$$\eta = C_m \left[1 + \frac{K}{1400 e_i/h_{10}} \left(\frac{l_0}{h_1} \right)^2 \zeta_1 \zeta_2 \right] \qquad (3-38)$$

$$C_m = 0.7 + 0.3 \frac{M_{i1}^{sc}}{M_{i2}^{sc}} \qquad (3-39)$$

$$\zeta_1 = 0.2 + 2.7 \frac{e_i}{h_{10}} \qquad (3-40)$$

$$\zeta_2 = 1.15 - 0.01 \frac{l_0}{h_1} \qquad (3-41)$$

式中　C_m——无侧移结构中杆端弯矩不等的影响系数（当计算出的 $C_m < 0.55$ 时，按 $C_m = 0.55$ 计算；对有侧移的框架，取 $C_m = 1.0$）；

K——荷载长期作用影响系数（对有侧移的框架和排架结构，取 $K = 0.85$，对无侧移结构，$K = 1$）；

l_0——构件的计算长度，按《混规》[4]第 7.3.11 条取（在框架结构为现浇盖楼时可取为：底层柱段 $l_0 = 1.0H$；其余各层柱段 $l_0 = 1.25H$；

H——柱高，即层高（底层柱为从基础或地梁顶面到上一层楼盖顶面的高度；对其余各层柱，为上、下两层楼盖结构顶面之间的距离）；

h_1——单元柱截面高度；

M_{i1}^{sc}——绝对值较小的单元柱柱端弯矩设计值（当与弯矩 M_{i2}^{sc} 同号时，取正值；当与弯矩 M_{i2}^{sc} 反号时，取负值）；

M_{i2}^{sc}——绝对值较大的单元柱柱端弯矩设计值，取正值；

h_{10}——单元柱截面有效高度；

ζ_1——截面曲率修正系数，当 $\zeta_1 > 1.0$ 时，取 $\zeta_1 = 1.0$；

ζ_2——长细比对截面曲率的影响系数，当 $l_0/h_1 < 15$ 时，取 $\zeta_2 = 1$；

ξ_b——相对界限受压区高度。

在受压构件极限承载力计算中，假设受压钢筋是达到屈服强度的，即 $\sigma_y' = f_y'$；受拉边或受压较小边的钢筋的应力 σ_s 按下面的情况计算：

（1）当 $\xi \leqslant \xi_b$ 时，为大偏心受压构件，$\sigma_s = f_y$，此处 ξ 为相对受压区高度，$\xi = x/h_0$，必须满足受压区高度 $x \geqslant 2a_s'$。

（2）当 $\xi > \xi_b$ 时，为小偏心受压构件，σ_s 按下列近似公式计算：

$$\sigma_s = \frac{f_y}{\xi_b - \beta_1}\left(\frac{x}{h_1 - a_s} - \beta_1\right) \tag{3-42a}$$

$$\text{或 } \sigma_s = \left(\frac{\xi - \beta_1}{\xi_b - \beta_1}\right)f_y \tag{3-42b}$$

芯柱钢筋因为靠近中部，大偏心情况下有可能有一侧会出现拉应力，但此拉应力值较小，故不予计算；另一侧会出现压应力，由于平截面假定，此受压钢筋一般不会达到屈服，其应力值：

$$\sigma_{si0}' = \frac{\left(\xi h_0 - \dfrac{h_1}{3} + a_s'\right)f_y'A_s'}{\xi h_0 A_{si0}'} \tag{3-43}$$

按上述公式计算钢筋应力应符合下列条件：

$$\begin{aligned} f_y' \leqslant \sigma_{si0}' \leqslant f_y \\ f_y' \leqslant \sigma_{si} \leqslant f_y \end{aligned} \tag{3-44}$$

$$N_i^{sc} = N_{i1}^{sc} \times \left[1 + \frac{\alpha \Lambda_{si0} f_{y0}}{(A_i - A_{si0})f_c}\right]$$

式中 σ_s——拉应力且其值大于 f_y 时，取 $\sigma_s = f_y$（当 σ_s 为压应力且其值小于 f_y' 时，$\sigma_s = -f_y'$；σ_{s0}' 也是一样）；

β_1——系数（当混凝土立方体抗压强度标准值 $f_{cuk} \leqslant 50\text{N/mm}^2$ 时，β_1 取为 0.8；当 $f_{cuk} = 80\text{N/mm}^2$ 时，β_1 取为 0.74，其间按直线内插法取用[31,70]）；

f_y，f_y'——纵向钢筋的抗拉和抗压设计强度。

3.4.4 大小偏心受压的界限情况（$\xi = \xi_b$）

由于带芯柱的极限轴压承载力 $N = \bar{n} \times (A - A_{s0})f_c + \alpha \bar{n}A_{s0}f_{y0}$，见公式（3-16），芯部钢筋参与受压，在其界限偏心受压区高度不变的情况下，承载力高于普通钢筋混凝土柱。当带芯柱对称配筋且混凝土受压区高度等于界限偏心受压区高度时：

$$N_i^{sc} = \alpha_1 f_c b_1 \xi_b h_{10} + \alpha f_{ci0}' A_{si0}' \qquad (3-45)$$

此时柱芯配筋影响着带芯柱的承载力，也就是芯部钢筋改变了带芯柱的界限承载力。由于芯部钢筋处于柱截面 1/3 处，外力对其偏心越小，钢筋屈服越明显。则芯部钢筋的界限配筋为

$$f_c b \left(\frac{2}{3} h - \xi_b h_0 \right) = f_{yi0}' A_{si0}' \qquad (3-46)$$

$$\rho_i^{sc} = A_{si0}' / A_i \times 100\% \rightarrow$$

$$\rho_i^{sc} = \left(\frac{2}{3} f_c bh - \xi_b f_c bh_0 \right) / (A_i f_{yi0}') \times 100\%$$

$$\rho_i^{sc} = \left(\frac{2}{3} f_c - \xi_b f_c h_0 / h \right) / f_{yi0}' \times 100\% \qquad (3-47)$$

当为 C40、SRB335 钢筋、$h_0/h = 0.95$ 时，$f_c = 19.1 \text{N/mm}^2$、$f_{yi0}' = 300 \text{N/mm}^2$、$\xi_b = 0.544$，钢筋混凝土带芯分体柱界限偏心受压破坏柱芯配筋率为 0.954%，其中 A_i 为钢筋混凝土带芯分体柱截面面积。此时各柱单元芯部配筋属界限偏心受压配筋率，当按普通钢筋混凝土结构柱计算为大偏心受压时，芯部配筋可以小于此值；小偏心受压时，芯部钢筋应高于此值。

界限轴力：$N_{ib}^{sc} = \alpha_1 f_c b_1 \xi_b h_1 + f_y' A_s' + \alpha f_{ci0}' A_{si0}' - f_s A_s$

界限弯矩：$M_{ib}^{sc} = \alpha_1 f_c b_1 h_0^2 \xi_b \left(1 - \frac{\xi_b}{2} \right) + f_y' A_s' (h_0 - a_s') + \alpha f_{ci0}' A_{si0}' e_{s0}'$

界限偏心距 $e_{ib} = M_{ib}^{sc} / N_{ib}^{sc}$

当作用在截面上的轴力设计值 $N_i \leqslant N_{ib}^{sc}$ 时，为大偏心受压情况；当 $N_i > N_{ib}^{sc}$ 时，为小偏心受压情况。

当计算的初始偏心距 $e_i \geqslant e_{ib}$ 时，属大偏心受压情况；当 $e_i < e_{ib}$ 时，属小偏心受压情况。

3.4.5　钢筋混凝土带芯分体柱大偏心受压破坏承载力公式

根据图 3.9 和公式 (3-28)、(3-29) 和大小偏心受压概念可知：当带芯分体柱为大偏心受压时

$$N_i^{sc} \leqslant \alpha_1 f_c b_1 x + f_y' A_s' + \alpha \beta_1 f_{ci0}' A_{si0}' - f_{ys} A_s \qquad (3-48)$$

$$N_i^{sc} e \leqslant \alpha_1 f_c b_1 x \left(h_0 - \frac{x}{2} \right) + f_y' A_s' (h_0 - a_s') + \alpha \beta_1 f_{ci0}' A_{si0}' e_{s0}' \qquad (3-49)$$

在芯部钢筋承载力项引入系数 β_1，是对芯部钢筋参与受力的折减，其值可取混凝土受压区等效矩形应力图形系数，式中其他符号意义同前。

3.4.6　钢筋混凝土带芯分体柱小偏心受压破坏承载力公式

同样根据图 3.9 和公式（3−28）、（3−29）和大小偏心受压概念可知：当带芯分体柱为小偏心受压时：

$$N_i^{sc} \leqslant \alpha_1 f_c b_1 x + f_y' A_s' + \alpha\beta_1 f_{ci0}' A_{si0}' - \sigma_{ys} A_s \tag{3−50}$$

$$N_i^{sc} e \leqslant \alpha_1 f_c b_1 x \left(h_0 - \frac{x}{2} \right) + f_y' A_s' (h_0 - a_s') + \alpha\beta_1 \sigma_{ci0}' A_{si0}' e_{s0}' \tag{3−51}$$

$$\sigma_{ys} = \left(\frac{\xi - \beta_1}{\xi_b - \beta_1} \right) f_y \tag{3−52}$$

$$\sigma_{si0}' = \frac{\left(\xi h_0 - \frac{h_1}{3} + a_s' \right) f_y' A_s'}{\xi h_0 A_{si0}'}$$

式中符号意义同前。

3.5　本章小结

在分析了普通钢筋混凝土柱、钢筋混凝土分体柱正截面受压状态下的受力特点和规律的基础上，结合钢筋混凝土核心配筋柱的高抗压能力和钢筋混凝土分体柱剪跨比小、侧移能力强的优点，提出了一种新型构件——钢筋混凝土带芯分体柱，分析了钢筋混凝土带芯分体柱由于加入芯部钢筋的抗压能力，提出了钢筋混凝土带芯分体柱正截面受压承载力计算模型，推导了钢筋混凝土带芯分体柱大小偏心受压破坏承载力计算公式，给出了界限芯部配筋率、界限轴力、界限弯矩、界限偏心距，分析了影响钢筋混凝土带芯分体柱正截面受压承载能力的主要因素：轴压比、配筋率、配箍率等。

第 4 章　带芯分体柱斜截面承载力计算

实际工程中纯粹的"二力杆"是不存在的，所有混凝土构件都或多或少承担剪切力。作为竖向承重结构构件的柱，通常情况下，柱在承受外力作用时有可能会产生拉、压、弯、剪、扭作用的一种或几种。其中，剪力主要由水平风力、水平地震力、内力等引起，是柱发生脆性剪切破坏的原因。钢筋混凝土短柱的破坏形态主要有：斜拉破坏、斜压破坏、剪拉破坏、剪压破坏、黏结破坏、高轴压剪切破坏等形式，其共同点是裂缝几乎遍布柱的全高，斜向交叉裂缝贯通后，柱的强度急剧下降，破坏发生突然，易引起坍塌，造成的事故是灾难性的，人员、财产损失都十分惨重。因此，防止短柱发生脆性剪切破坏，提高短柱的斜截面承载力是提高短柱抗震性能的主要方面。

4.1　钢筋混凝土柱斜截面受剪承载力

目前的钢筋混凝土柱主要有普通钢筋混凝土柱、钢筋混凝土带芯柱和钢筋混凝土分体柱，下面分别谈谈它们的斜截面抗剪承载力。

4.1.1　普通偏心受压柱的斜截面受剪承载力

普通钢筋混凝土偏心受压柱，当受到较大的剪力作用时，如受地震作用的框架柱、排架柱、框支柱等，需验算其斜截面的受剪承载力。由于轴向力的存在，延缓了斜裂缝的出现和开展，使截面保留有较大的混凝土剪压区面积，因而使受剪承载力和集料咬合力得到提高。

为了保证斜（裂缝）截面承载力要求，除纵向受力钢筋以外，柱中需配置与柱轴垂直的箍筋[1,2,3]，受梁中弯起钢筋的启发，柱中可设置"X"向筋承受剪力以提高柱的抗侧移能力[4]，这样可以避免密排纵筋造成排列困难引起的黏结破坏，增加纵筋的剪切承载能力，减少中部的抗弯能力，满足强剪弱弯的要求。纵筋、箍筋、弯起钢筋以及绑扎箍筋所需要的架立钢筋（一般不考虑它参与受力）形成钢筋骨架。

《规范》[2第7.5.12条,3第6.2.8条] 规定：矩形、"工"字形和"T"形截面的钢筋混凝土偏心受压构件的受剪承载力应符合下列规定：

$$V \leqslant \frac{1.75}{\lambda + 1} f_t b h_0 + f_{yv} \frac{A_{sv}}{s} h_0 + 0.07N \qquad (4-1)$$

有地震作用组合时：

$$V \leqslant \frac{1}{\gamma_{RE}} \left(\frac{1.05}{\lambda + 1} f_t b h_0 + f_{yv} \frac{A_{sv}}{s} h_0 + 0.056N * \right) \qquad (4-2)$$

式中　N——与剪力设计值 V 相应的轴向力设计值（当 $N \leqslant 0.3f_c bh$ 时，轴力引起的受剪承载力的提高部分ΔV_N 与轴力 N 成正比；当 $N > 0.3f_c bh$ 时，ΔV_N 将不再随 N 的增大而提高；当 $N > 0.3f_c bh$ 时，取 $N = 0.3f_c bh$）；

　　　　λ——偏心受压构件的计算剪跨比，宜取 $\lambda = M/(Vh_0)$（对框架结构中的框架柱，假定反弯点在柱高中点，取 $\lambda = H_0/2h$。当 $\lambda < 1$ 时，取 $\lambda = 1$；当 $\lambda > 3$ 时，取 $\lambda = 3$。此处，H_0 为柱的净高。对其他偏心受压构件，当承受均布荷载时，取 $\lambda = 1.5$；当承受集中荷载时，$\lambda = a/h_0$。当 $\lambda < 1.5$ 时，取 $\lambda = 1.5$；当 $\lambda > 3$ 时，取 $\lambda = 3$。此处，a 为集中荷载作用点至支座或节点边缘的距离）；

　　　　N^*——考虑风荷载或地震作用组合后框架柱的轴向压力设计值，当 $N > 0.3f_c bh$ 时，取 $N = 0.3f_c bh$。

与受弯构件相似，当配箍率过大时，箍筋强度将不能充分利用，所以《规范》[2] 规定，矩形截面偏心受压构件，其截面尺寸应符合下列条件：

$$V \leqslant 0.25\beta_c f_c b h_0 \qquad (4-3)$$

式中　β_c——混凝土强度影响系数（当混凝土强度不超过 C50 时，取 $\beta_c = 1.0$；当混凝土强度为 C80 及以上时，取 $\beta_c = 0.8$，中间线性内插）。

当矩形、"工"形和"T"形截面的钢筋混凝土偏心受压构件，当符合下列条件时可不进行斜截面受剪承载力计算，按《规范》[2第10.3.2条,3第6.3.8-2,6.3.10,9.4.5条] 设置构造要求配置箍筋：

$$V \leqslant \frac{1.75}{\lambda + 1} f_t b h_0 + 0.07N \qquad (4-4)$$

4.1.2　带芯混凝土偏心受压柱的斜截面受剪承载力

研究表明[5~34]：混凝土强度、配筋形式、剪跨比、轴压比和配箍率是影响柱破坏形态的主要因素，其中，最主要的因素是箍筋的配置。

以往试验表明[5~9]，单方箍短柱容易发生黏结破坏，故当配箍率的提高不足以提高延性时，就要改变箍筋的布置方式。不同复合箍形式在相同配箍率条件下，其延性优劣的大致顺序是"井"字形、八边形、"十"字形及菱形复合箍，最差的是单方箍板短柱。带芯混凝土柱的剪切性能在普通箍筋作用下与普通混凝土柱相同；但考虑芯部箍筋的约束作用贡献后其受剪承载力有一定的提高，延性随着配箍特征值的增大而增大[35]。带芯柱抗剪承载力计算一般仍写成如下形式[2,3,27]：

$$V = V_{rc} + V_{s} \tag{4-5}$$

式中　　V——钢筋混凝土带芯柱的抗剪承载力；

　　　　V_{rc}——剪切斜截面普通钢筋混凝土部分的抗剪承载力，$V_{rc} = V_{c} + V_{sv}$（V_{c}是混凝土的抗剪承载力，V_{sv}是普通箍筋的抗剪承载力）；

　　　　V_{s}——柱芯抗剪承载力；

文献[36]给出带芯柱抗剪公式如下：

$$V = \frac{0.2}{2\lambda + 0.5} a_{c} f_{c} bh_{0} + \frac{\lambda + 3}{2(\lambda + 1)} f_{yv} \frac{A_{sv}}{s} h_{0} + \frac{1.45}{\lambda + 1.5} f_{s} t_{w} h_{w} + 0.07N \tag{4-6}$$

抗震计算时：

$$V = \frac{1}{\gamma_{RE}} \left[\frac{0.16}{2\lambda + 0.5} a_{c} f_{c} bh_{0} + \frac{\lambda + 3}{2(\lambda + 1)} f_{yv} \frac{A_{sv}}{s} h_{0} + \frac{1.45}{\lambda + 1.5} f_{s} t_{w} h_{w} + 0.056N \right]$$

$$\tag{4-7}$$

式中　　a_{c}——与混凝土强度有关的系数，当为高强混凝土时，按《高强混凝土结构技术规程》（CECS104：99），$a_{c} = \sqrt{\dfrac{23.5}{f_{c}}}$；

　　　　t_{w}，h_{w}——芯部钢材腹板的宽度和高度。

文献[37]给出带芯柱抗剪公式如下：

$$V = \frac{1.75}{\lambda + 1} f_{t} bh_{0} + f_{yv} \frac{A_{sv}}{s} h_{0} + 0.07N + \frac{\beta f_{yt} A_{st}}{\sqrt{1 + 4\lambda^{2}}} \tag{4-8}$$

式中　　β——考虑应力不均匀及部分芯部钢材未达到屈服的调整系数，$\beta = 0.25 + 112\rho_{v}$（$\rho_{v}$ 为普通箍筋体积配箍率，当 $\rho_{v} \geqslant 3.2\%$ 时，取 $\rho_{v} = 3.2\%$）。

以上公式都考虑了混凝土抗剪、箍筋抗剪、轴压力的有利影响和芯部配筋抗剪作用。

4.1.3 钢筋混凝土分体柱的斜截面受剪承载力[5,38]

假设分体柱由四个独立小柱来共同承担剪力，即 $V_u^{th} = 4V_1$，其中 V_1 为单个小柱的斜截面承载力。现根据《凝土结构设计规范》（GB J50010—2002）中钢筋混凝土偏心受压构件斜截面承载力的设计计算方法，对分体柱进行斜截面承载力的计算，计算值 V 与实验值的比较证明按此方法计算不但有较好的精度，而且是偏于安全的，在试件破坏时，其斜裂缝也已有了相当的发展。由此可见，对于分体性，其斜截面承载力依据《凝土结构设计规范》（GB J50010—2002）的计算公式按四个独立小柱的受剪承载力之和计算是可行的。

4.2 钢筋混凝土带芯分体柱的斜截面承载力

钢筋混凝土带芯分体柱是将钢筋混凝土带芯柱理论及模型与钢筋混凝土分体柱理论及模型相结合，叠加得到的新的结构构件理论和模型。它兼具钢筋混凝土带芯柱和钢筋混凝土分体柱各自的优点：高抗压能力、高侧移能力，因而比以往的任何钢筋混凝土柱形式都更具优越性。柱抗剪承载力是整个结构抗震延性的重要标志，是结构安全的主要指标之一。

由分体柱理论可知[38]，分体柱在外力作用下的破坏形式是：受压侧柱单元出现小偏心受压破坏，而受拉侧柱单元出现的是大偏心受压破坏，不仅实现了剪跨比的飞跃，而且在较高轴压比作用下，依然能使一侧单元柱出现大偏心受压破坏，这必然使分体柱的延性得到很大程度的提高，这一点与分体柱单体试验结果也是一致的。

同钢筋混凝土梁一样，每个单元柱在混凝土开裂前，钢筋与混凝土基本处于弹性工作状态；混凝土开裂后，混凝土主应力际线如图 4.1 所示。随着裂缝的发展，应力大小发生变化，钢筋逐渐进入塑性工作阶段，受拉区混凝土退出工作；小偏心受压时受压区混凝土首先压碎。

4.2.1 钢筋混凝土带芯分体柱的斜截面破坏形式

1. 大偏心受压破坏

以受拉侧钢筋屈服为特征，破坏是由于受拉钢筋屈服而导致受压区混凝土受压破坏，与适筋梁相似[35]，其承载力主要取决于受拉钢筋，故称为受拉破坏。

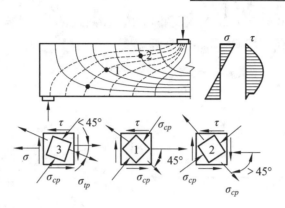

图 4.1　主应力迹线图

Fig 4.1　trace of main stress

构件破坏前有明显的预兆，裂缝显著开展，变形急剧增大，属塑性破坏。形成大偏心受压破坏的条件是：偏心距大，且受拉钢筋配筋率不高。设计上称这种情况为大偏心受压，是理想的破坏形态。

2. 小偏心受压破坏

破坏是由于受压区混凝土达到极限抗压强度，距轴力较远一侧的钢筋，无论是受压或受拉，一般均未达到屈服。其承载力主要取决于受压区混凝土及受压钢筋，故称为受压破坏。这种破坏缺乏足够的预兆（裂缝开展不明显，变形也没有急剧增长），属脆性破坏。形成小偏心受压破坏的条件是：偏心距小或偏心距虽然较大而配筋率较高。在设计中，一般应避免出现偏心距较大而配筋率较高的情况，故设计上通称受压破坏为小偏心受压。

小偏心受压破坏有三种情况：斜拉破坏、剪压破坏和斜压破坏，影响小偏心受压破坏形式的主要因素是剪跨比。

（1）斜拉破坏（见图 4.2）。

当剪跨比 $\lambda > 3$ 时发生斜拉破坏，斜裂缝一出现就很快发展到受压侧，将构件斜劈成两半，同时沿纵筋产生劈裂裂缝，梁顶劈裂面比较整齐、无压碎痕迹。其破坏是突然的脆性破坏，临界斜裂缝的出现与最大荷载的到达几乎是同时的。

由于受压区混凝土截面急剧减小，在压应力 σ 和剪应力 τ 高度集中情况下发生主拉应力破坏。其强度取决于混凝土在复合受力状态下的抗拉强度，故承载能力很低。当配箍率过小时，斜裂缝一出现，箍筋应力即达屈服，箍筋对斜裂缝开展的限制作用已不存在，相当于无腹筋梁。当剪跨比较大时，同样会发生斜拉破坏。为了防止发生斜拉破坏，《混规》[2] 规定受压构件的配箍率 ρ_{sv} 应满足最小配

箍率要求，$\rho_{sv} = 0.24 f_t / f_{yv}$。为了防止由于箍筋间距过大，使穿越斜裂缝的箍筋数量过少，并控制使用荷载下的斜裂缝宽度。《混规》[2] 规定了构造要求的箍筋最大间距最小直径，见《混规》第 10.3.2、10.3.3 条，《抗规》[39] 第 6.3.10 ~ 6.3.14 条，《高规》[3] 第 6.4.7 ~ 6.4.10 条。

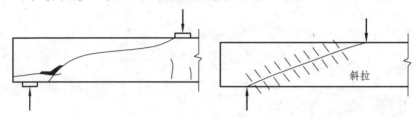

图 4.2　斜拉破坏（λ > 3）

Fig 4.2　destroyed by inclined draught

（2）剪压破坏（见图 4.3）。

当剪跨比 1 ≤ λ ≤ 3 时，发生剪压破坏：斜裂缝出现后，荷载仍可有较大幅度的增长。随着荷载增大，陆续出现其他斜裂缝，其中一条发展成临界斜裂缝，最后临界斜裂缝上端集中荷载附近的混凝土被压碎，达到破坏荷载。由于残余截面上混凝土在法向压应力 σ、剪应力 τ 及荷载产生的局部竖向压应力的共同作用下，到达复合受力强度而发生破坏。其承载力高于斜拉破坏的情况。

当配箍率适当时，斜裂缝出现后箍筋应力增大，箍筋的存在限制了斜裂缝的延伸开展，使荷载可有较大幅度的增长。随荷载增大，通常箍筋先达到屈服，箍筋屈服后其限制裂缝开展的作用消失，最后受压区混凝土在剪压作用下达到极限强度，丧失承载能力，属剪压型破坏。这种构件受剪承载力主要取决于混凝土强度、截面尺寸及配箍率。为了防止发生剪压破坏，需进行斜截面受剪承载力计算，确定所需配置的箍筋数量。

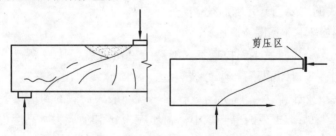

图 4.3　剪压破坏（1 ≤ λ ≤ 3）

Fig 4.3　destroyed by shear press

（3）斜压破坏（见图 4.4）。

当剪跨比 λ < 1 时，发生斜压破坏：荷载与支座反力之间的混凝土作为斜向

受压短柱，破坏时斜向裂缝多而密，混凝土发生侧向凸出，故称为斜压破坏。荷载与支座反力之间的混凝土被斜向压碎，这种破坏取决于混凝土的抗压强度，其承载力比剪压破坏的情况还要高。当配箍率过大时，箍筋应力增长缓慢，在箍筋未达屈服时，混凝土即已达到抗压强度。

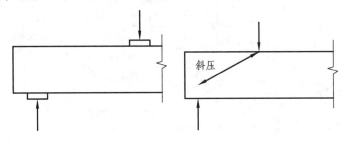

图 4.4　斜压破坏（$\lambda < 1$）

Fig 4.4　destroyed by inclined press

发生斜压破坏，其承载力取决于混凝土强度及截面尺寸，再增加普通箍筋或加配弯筋对斜截面受剪承载力的提高已不起作用。为了防止配箍率过高而发生斜压破坏，《规范》规定受剪截面需符合截面限制条件：《混规》[2]第 10.3.2、10.3.3 条，《抗规》[39]第 6.2.9 条，《高规》[3]第 6.2.6 条。

总之，不同剪跨比无腹筋梁的破坏形态和承载力虽有不同，但到达破坏荷载时变心都不大，且破坏后荷载都急剧下降，这与大偏心受压的塑性破坏特征是完全不同的。钢筋混凝土柱的剪切破坏均属脆性破坏，其中斜拉破坏尤为突然。

4.2.2　钢筋混凝土带芯分体柱的斜截面承载力计算

按照分体柱理论得出：钢筋混凝土带芯分体柱的抗剪承载力等于各单元柱分担的抗剪承载力之和，见图 4.5。

各单元柱分担 V_i 用下列计算方法（钢筋混凝土带芯柱的计算方法）计算：

$$V_i = V_{ci} + V_{svi} + V_{sci} + V_{Ni} \tag{4-9}$$

式中　V_i——每个钢筋混凝土带芯分体柱单元的抗剪承载力；

V_{ci}——每个钢筋混凝土带芯分体柱单元混凝土的抗剪承载力，根据《混凝土结构设计规范》（GBJ50010—2002），有：$V_i = \dfrac{1.75}{\lambda_i + 1} f_t b_1 h_{10}$；

V_{svi}——每个钢筋混凝土带芯分体柱普通箍筋的抗剪承载力，根据《混凝土结构设计规范》（GBJ50010—2002），有：$V_{svi} = f_{yv} \dfrac{A_{sv1}}{s} h_{10}$；

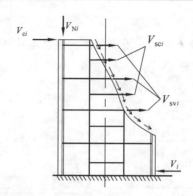

图 4.5　斜截面受剪承载力计算简图

Fig 4.5　calculating sketch to the ability of shear on slanting section

V_{sci}——每个钢筋混凝土带芯分体柱芯部箍筋的抗压承载力，考虑芯部钢筋参与工作的程度受轴压比影响，引进与轴压比有关的系数 α（α 的计算和取值同第四章），考虑芯部箍筋未达到屈服的可能性，保守取芯部箍筋抗拉强度系数为 0.5，由此得：$V_{sci} = 0.5\alpha f_{yv} sc \dfrac{A_{sv1}sc}{s^{sc}} h_{10}sc$；

V_{Ni}——与剪力设计值相应的轴压力设计值对抗剪能力的提高作用，根据《凝土结构设计规范》（GBJ50010—2002），有：$V_{Ni} = 0.07 N_i^{sc}$，当 $N_i^{sc} > 0.3 f_c A_i$ 时，取 $N_i^{sc} = 0.3 f_c A_i$；

A_i——各单元柱的截面面积，$A_i = b_1 h_1$。

由此，钢筋混凝土带芯分体柱抗剪承载力计算公式可以归纳为

$$V_i \leqslant \frac{1.75}{\lambda_i + 1} f_t b_1 h_0 + f_{yv} \frac{A_{sv}}{s} h_0 + 0.5\alpha f_{yv} sc \frac{A_{sv1}^{sc}}{s^{sc}} h_{10}^{sc} + 0.07 N_i^{sc} \tag{4-10}$$

考虑地震作用调整，结合《高规》[3]，各单元柱的斜截面受剪承载力应按下列公式计算：

$$V_i^{sc} \leqslant \frac{1}{\gamma_{RE}} \left[\frac{1.05}{\lambda_i + 1} f_t b_1 h_0 + f_{yv} \frac{A_{sv1}}{s} h_{10} + 0.5\alpha f_{yv}^{sc} \frac{A_{sv1}^{sc}}{s^{sc}} h_{10}^{sc} + 0.056 N_i^{sc} \right] \tag{4-11a}$$

当设防烈度为Ⅸ度时，应按下列公式计算：

$$V_{ci} \leqslant \frac{1}{\gamma_{RE}} f_{yv} \frac{A_{sv1}}{s} h_{10} \tag{4-11b}$$

为避免发生斜压破坏，《混规》[2]第 10.3.2、10.3.3 条规定：

当 $h_w / b \leqslant 4$ 时，$V \leqslant 0.25 \beta_c f_c b h_0$ $\tag{4-12}$

当 $h_w/b \geqslant 6$ 时，$V \leqslant 0.2\beta_c f_c bh_0$　　　　　　　　　　　　　　　　　　(4－13)

当 $4 < h_w/b < 6$ 时，按线性内插法确定；

《抗规》[39]第6.2.9条规定：

剪跨比大于2的柱：$V \leqslant \dfrac{1}{\gamma_{RE}}(0.2\beta_c f_c bh_0)$　　　　　　　　　　　(4－14)

剪跨比不大于2的柱：$V \leqslant \dfrac{1}{\gamma_{RE}}(0.15\beta_c f_c bh_0)$　　　　　　　　(4－15)

《高规》[3]第6.2.6条规定：

无地震作用组合时：$V \leqslant 0.25\beta_c f_c bh_0$

有地震作用组合、剪跨比大于2的柱：$V \leqslant \dfrac{1}{\gamma_{RE}}(0.2\beta_c f_c bh_0)$　　(4－16)

有地震作用组合、剪跨比不大于2的柱：$V \leqslant \dfrac{1}{\gamma_{RE}}(0.15\beta_c f_c bh_0)$　(4－17)

式中　h_w——截面腹板高度：矩形截面取有效高度 h_0，"T"形截面取有效高度减去翼缘高度，工形截面取腹板净高；

　　　f_c——混凝土轴心抗压强度设计值（强度等级低于 C35 时，应按 C35 计算）；

　　　β_c——混凝土强度影响系数，当混凝土强度等级不高于 C50 时取 1.0，高于 C80 时取 0.8，中间线性内插；

　　　γ_{RE}——震承载力调整系数，对高层建筑底部框架柱、框支柱因为轴压比一般都大于 0.15，所以取 0.8。

　　　λ_i——各单元柱的名义计算剪跨比 $\lambda_i = M_i/V_i h_{10}$（当 $\lambda_i < 1$ 时，取 $\lambda_i = 1$；当 $\lambda_i > 3$ 时，取 $\lambda_i = 3$）；

　　　V_i^{sc}——各单元柱所分担的考虑抗震等级的剪力设计值，$V_i^{sc} = V^{sc}/4 = V_c/4$；

　　　N_i^{sc}——各单元柱所分担的考虑地震作用组合的轴向压力设计值（当 $N_i^{sc} > 0.3 f_c A_i$ 时，取 $N_i^{sc} = 0.3 f_c A_i$）；

　　　A_i——各单元柱的截面面积，$A_i = b_1 h_1$；

　　　f_{yv}——钢筋混凝土带芯分体柱普通箍筋强度设计值；

　　　A_{sv1}——每个钢筋混凝土带芯分体柱单元同一方向箍筋的总计算面积；

　　　f_{yv}^{sc}——芯部箍筋强度设计值；

　　　A_{sv1}^{sc}——每个钢筋混凝土带芯分体柱单元同一方向芯部箍筋的总计算面积；

　　　h_{10}^{sc}——每肢芯部箍筋的计算长度；

　　　s——普通箍筋间距；

s^{sc}——芯部箍筋间距；

其他符号意义同前。

4.2.3 影响钢筋混凝土带芯分体柱受剪承载力的因素

钢筋混凝土带芯分体柱的受剪承载力影响因素有很多，如剪跨比、混凝土强度、荷载形式（轴压比）、箍筋形式、芯部箍筋情况。

1. 剪跨比

在直接载情况下[1]，剪跨比是外荷载作用下柱抗剪强度的主要因素。随剪跨比 λ 增大，柱的抗剪强度 $V = f_c bh_0$ 降低，$\lambda > 3$ 以后，抗剪强度趋于稳定，λ 的影响消失。

在间接加载情况下，剪跨比 λ 对抗剪强度的影响明显减小。由于间接加载柱中中产生的水平拉应力 σ_y 的影响，即使在小剪跨比情况下，斜裂缝也可跨越荷载作用点而直通对边，形成斜拉破坏。剪跨比 λ 越小，间接加载比直接加载的抗剪强度降低得就越多。

钢筋混凝土带芯分体柱是将带芯短柱（剪跨比 $\lambda < 2$）通过一劈为四，其高宽比提高一倍，而由剪跨比的定义式 $\lambda = M_c / V_c h_0$，可以看出不论框架柱的反弯点是否在中间，其剪跨比都将提高一倍，这将使剪跨比 $\lambda < 2$ 的短柱的破坏形态发生质的变化。从分体柱有关试验[5,38]也可以看出，分体柱不易出现剪切的斜裂缝，只有柱端出现了垂直的弯曲裂缝，柱下端的破坏也是典型的弯曲受压破坏，并出现了一侧小柱大偏心受压破坏的现象。可以看到，从该柱下端屈服到整个框架破坏，其位移延性系数 $\mu = \dfrac{\Delta_u}{2\Delta_y} = 2.8$，表现出了较好的延性，这进一步说明分体柱的方法实现了短柱变长柱的设想。

2. 混凝土强度

试验表明[8,9,30,38]：不同破坏形态（或不同剪跨比）柱的抗剪强度均随混凝土强度的提高而增大。这是因为剪切破坏是由于混凝土达到其极限强度，所以剪切强度与混凝土强度为线性关系。

在压弯构件中，轴压比加大，会直接导致截面受压区高度 x 的增大，从而使压弯构件从大偏心受压破坏向小偏心受压破坏状态过渡，小偏压破坏的延性很小或者没有延性，属于脆性破坏。因此规范轴压比的限值即为大小偏压得界限点，是为了更好地保证构件的延性。

3. 轴压比

为解决高层建筑下部短柱特别是超短柱的问题，要求钢筋混凝土带芯分体柱在较高的轴压比下仍然有良好的工作性能和较好的延性，是本书研究的主要内容之一。试验[38]表明：分体柱在较高轴压比下，尽管其受压一侧小柱发生的是小偏压破坏即受压混凝土先达到极限压应变、而受拉钢筋未屈服，但其受拉一侧小柱发生的却是大偏心受压破坏即受拉钢筋屈服先于混凝土压坏，因此仍然表现出较好的工作性能和延性。

对于分体柱单体试验[5,38]的试件来说，柱子劈开后对其轴压比没有影响。从轴压比公式就可以看出，$n = \dfrac{N}{f_c A}$，其中 N 为柱考虑地震作用组合轴力设计值，f_c 为混凝土棱柱抗压强度设计值，A 为柱截面面积。分体柱一分为四（或一分为二）后，对单个小柱其轴力 $N_x \approx \dfrac{N}{4}$（或 $N_x \approx \dfrac{N}{2}$），而其面积 $A_x \approx \dfrac{A}{4}$（或 $A_x \approx \dfrac{A}{2}$），因此小柱轴压比与整体柱轴压比基本没有区别。从框架模型的裂缝发展和破坏过程也可看出，整个框架试验过程之分体柱没有出现某个小柱先于其他小柱受压破坏的情况，即没有出现分体柱小柱各个击破的不利情况。

对于分体柱框架结构，其轴压比限值的界限点应为受压一侧小柱外侧混凝土受压破坏预售楼一侧小柱内侧受拉钢筋屈服同时发生的界限点。从前面对框架试验数据的分析可知：水平荷载为 163kN 时（此是框架位移为 $2\Delta_y$），分体柱一层中柱下端屈服，其屈服形式即受压一侧小柱混凝土达到极限压应变的同时，受拉侧小柱受拉钢筋达到屈服拉应变，此时其所承担的轴力应该就是达到分体柱轴压比限值时的界限轴力值，其值为 724kN。而若以分体柱单个小柱为研究对象，用轴压比的定义式来计算小柱轴压比的界限轴力值，其值为 169kN，则总轴力为 4 ×169 = 676kN，该值与试验值较为接近，误差仅为 6%。

所以分体柱作为一个整体其轴压比界限值可以用四个小柱截面面积之和来控制，也就是分体柱的轴压比可以按整个轴压比控制。而芯部钢筋对钢筋混凝土带芯分体柱竖向承载力的贡献使其在较高的轴压比时混凝土的压应力并未达到极限应力，延缓了混凝土破坏先于钢筋屈服出现，从而具有继续承载的能力。

4. 箍筋形式

混凝土柱配置箍筋以后，箍筋的存在改变了混凝土的受力体系，使得剪切斜

裂缝间的混凝土有如斜压杆，箍筋起到横向拉杆的作用，把斜裂缝间混凝土传来的荷载传递到临界斜裂缝对面的混凝土（受压杆）上去，纵向受拉钢筋相当于拉杆，整个柱的受力有如一竖向拉拱桁架。配箍率和箍筋布置方式对柱的抗剪承载力都有影响：在一定范围内，增加配箍率可以提高试件抗剪强度、增加延性；采用复合式箍筋对抗剪和变形有很好的作用。

箍筋对梁受剪性能的影响是多方面的：箍筋直接负担了斜截面上的部分剪力 V_{ci}，使受压区混凝土的剪应力集中得到缓解；参与斜截面的抗弯，使斜裂缝出现后纵筋应力 σ_s 的增量减少；延缓斜裂缝的开展，提高裂缝面上的集料咬合力；限制沿纵筋的劈裂裂缝的开展，加强了纵筋的销栓作用。但是，箍筋不能把剪力直接传递到支座，与拱形桁架相似，最后全部荷载仍将由端节间的受压弦杆传至柱根。因此，配置箍筋并不能减小近支座处柱受压区混凝土的斜向压应力。

5. 芯部箍筋

芯部箍筋是在外部箍筋的作用下，对芯部纵筋与混凝土的二次约束，也就是对芯部混凝土提供更直接有效的横向约束，可减小芯部混凝土的横向变形，进而有利于提高混凝土的峰值应力和极限压应变，也就是可以提高芯柱的轴压力。但是，由于芯柱主要起轴心抗压作用，在外部混凝土开裂前芯部箍筋应力应变均很小；在外部混凝土开裂后芯部箍筋应力应变均有较明显增长，说明此时芯部箍筋对钢筋混凝土带芯分体柱的抗剪承载力贡献明显。

4.2.4　钢筋混凝土带芯分体柱的变形——侧移刚度计算

芯部钢筋对钢筋混凝土带芯分体柱的刚度没有明显的影响，因此钢筋混凝土带芯分体柱的侧移刚度就是分体柱的侧移刚度。

有试验研究[5,38]表明：有过渡区存在的分体柱试件与没有过渡区的试件相比，两种试件的刚度应该是不同的。但是，由于过渡区的高度仅占全高的一小部分，所以在计算分体柱弹性阶段的侧移时，可以忽略过渡区的影响。

由材料力学、理论力学、结构力学、弹塑性力学可知：

变形 = 力/刚度，见图4.6。

弯曲变形 = 弯矩/抗弯刚度；

剪切变形 = 剪力/剪切刚度；

轴向变形 = 轴力/轴压刚度。

在计算水平荷载作用下柱的侧向位移时，应考虑隔板参与工作的整体工作效应。利用分体柱截面内弯矩分布特点，可将分体柱的受力进行简化（见图 4.7）[38]，由此可以推导出引起单根小柱发生弯曲变形的仅有水平荷载 P 和剪力 Q_f，其中 Q_f 为隔板与混凝土之间的摩擦对隔板两侧混凝土的变形约束所产生的沿柱高的分布剪力（即摩擦力）：

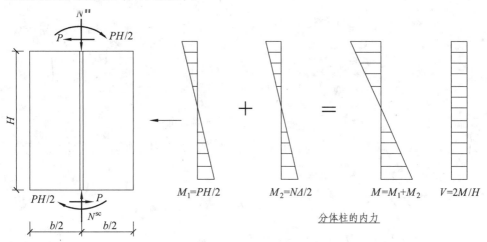

（a）带芯分体柱的内力

（a）internal force of split core − column

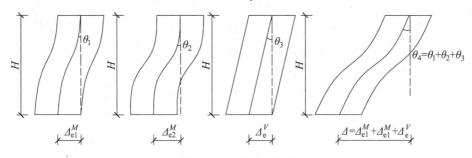

（b）带芯分体柱的位移

（b）displacement of split core − column

图 4.6

$$Q_f = \frac{3}{4}\beta \frac{P}{b} \qquad (4-18)$$

式中　b——柱截面外形宽度；

　　　P——水平荷载；

　　　β——分体柱的整体工作效应系数 [当完全整体工作时，$\beta = 1$；当隔板完全破坏（即完全自由）时，$\beta = 0$]。

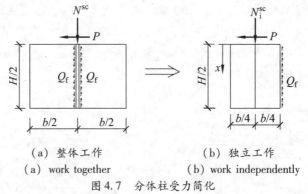

（a）整体工作　　　　　　　　　（b）独立工作

（a）work together　　　　　　（b）work independently

图 4.7　分体柱受力简化

Fig 4.7　Simplification of forces of split column

由图 4.7 可以得出，隔板与混凝土之间的摩擦力对单根小柱产生的约束弯矩为

$$M_f = Q_f \cdot x \cdot \frac{b}{4} = \frac{3}{16}\beta Px \qquad\qquad (4-19)$$

$$x = \frac{1}{2}H \text{ 时}, \ M_f H/2 = \frac{3}{32}\beta PH \qquad\qquad (4-20)$$

得水平荷载 P 作用下单根小柱的柱端弯矩：

$$M_c = \frac{PH}{8} - M_f = \frac{PH}{32}\beta PH \qquad\qquad (4-21)$$

根据文献[5,38]用图乘法的推导，得

$$\Delta_{sc}^M = \Delta_{sc}^{M1} + \Delta_{sc}^{M2} = \frac{PH^3}{12E_c b^4}\left(1 + \frac{M_2}{M_1}\right)(4-3\beta) \quad = \frac{PH^3}{E_c b^4}\left(1 + \frac{PNH^2}{E_c b^4}\right)(4-3\beta)$$

$$\Delta_{sc}^V = 1.2\frac{Q}{GA}H$$

式中　G——剪切弹性模量，$G = \dfrac{E_c}{2(1+\mu)}$；

　　　μ——为混凝土的泊松比，取 0.16 ~ 0.30，一般建筑上所用混凝土强度较低，取 0.25，故：$G = 0.4E_c$。

忽略 N-Δ 效应的影响，最后得到柱侧移值为

$$\Delta_{cs} = \frac{PH(4-3\beta)(H^2+3b^2)}{E_c b^4} \qquad\qquad (4-22)$$

柱侧移角为 $\alpha = \dfrac{\Delta_{cs}}{H} = \dfrac{P(4-3\beta)(H^2+3b^2)}{E_c b^4}$ $\qquad\qquad (4-23)$

整截面柱总柱端位移角：$\alpha^z = \dfrac{P\ (H^2 + 3b^2)}{E_c b^4}$ (4-24)

由（4-23）和（4-24）可得分体柱与普通整截面柱相比的刚度降低系数为

$$\psi = \frac{1}{4 - 3\beta}$$ (4-25)

根据（4-23）得带芯分体柱弹性和弹塑性工作阶段整体工作效应系数 β 与层间相对位移的关系式：$\beta = \dfrac{4}{3} - \dfrac{E_c b^4 \Delta_{cs}}{3PH\ (H^2 + 3b^2)}$ (4-26)

试验回归得到的简化公式为

$$\beta = \frac{\dfrac{\Delta}{H}}{1.2\left(\dfrac{\Delta}{H} - 0.3\right)^2 + \dfrac{\Delta}{H}} - 0.07$$ (4-27)

试验表明[5,38]：整体工作效应随变形的增大而减小，在达到承载力极限后，整体工作效应系数 β 基本上在 $0.29 \sim 0.45$，最后偏于安全地取 $\beta = 0.3$。

4.3　本章小结

剪力作用是短柱发生脆性剪切破坏的主要原因，普通钢筋混凝土偏心受压柱的抗剪承载力与混凝土强度、截面尺寸、剪跨比、配箍率及轴向压力有关。芯柱箍筋对芯部混凝土的二次约束使得带芯柱轴向抗压能力提高的同时，参与抵抗剪切斜裂缝的发展扩大，抗剪承载力提高。分体柱抗剪承载力可以用各个单元柱的抗剪承载力之和表示。采用有隔板的带芯分体挂具有带芯柱和分体柱各自的优点，具有带芯柱的强抗剪能力和分体柱的刚度减小——大侧移能力，在地震作用下能够消耗较大地震能量且保持自身的柔度。可实现短挂变"长柱"剪跨比加大、轴压承载力提高的设想，其承载能力、变形能力及延性有明显的提高。由于隔板的约束作用，分体柱一侧小柱在设计轴压比小于等于 0.6 时，可以发生延性较好的大偏心受压破坏，这十分有效地改善了短柱的抗震性能。配箍率的提高能够改善柱的抗震性能，即使当轴压比很高时，配箍率对构件抗震性能也会有所提高，为防止斜裂缝的出现及提高柱的塑性转动能力，在柱中采用较高配箍是必要的。

第5章 应用 ANSYS/LS-DYNA
对钢筋混凝土带芯分体柱的数值模拟

过去人类认识世界主要有两种手段：科学实验、理论分析，计算机面世后数值模拟成为人类认识世界的新手段。自理论分析与科学实验之后，数值模拟已成为人类认识世界最重要的手段，主要用来解决以下两类问题：不可能进行实验的问题、进行实验代价太大的问题。同时它又融和了理论分析和科学试验的特点，数值模拟已经不再局限于科学计算，正被广泛用于科学研究、工程与生产领域。随着计算机技术和计算方法的发展，复杂的工程问题可以采用离散化的数值计算方法并借助计算机得到满足工程要求的数值解，数值模拟技术是现代工程学形成和发展的重要动力之一。随着计算机处理器速度的不断提高，内存的不断扩大，网络传输带宽的不断增加，计算机技术正不断地向社会的各个领域渗透。计算机处理工程问题正朝着"方便、快速、量大"的方向发展，如今的计算水平已经能够解决相当一部分建筑工程问题。

20世纪90年代中后期，通用显式动力分析程序 ANSYS/LS-DYNA 被引入中国，并很快在工程领域得到广泛应用，成为当前工程科研人员进行数值实验的重要工具。

5.1 ANSYS/LS-DYNA 简介

5.1.1 ANSYS/LS-DYNA 的发展过程及功能[1]

1. 发展过程

J. O. Hallquist 于 1976 年在美国 Lawrence Livermore Laboratory 主持开发完成，当时主要用于求解三维非弹性结构在高速碰撞、爆炸冲击下的大变形动力响应，其目的主要是为北约组织的武器设计提供分析工具。1986 年其部分源程序在 Public Domain（北约局域网）发布，开始了在研究和教育机构内的广泛传播，成为显式有限元程序的先驱和以后显式求解程序的基础代码。1988 年，J. O. Hallquist 创 LSTC（Livermore Software Technology Corporation）公司，推出 LS-DYNA 系列程序，主要包括显式 LS-DYNA2D、LS-DYNA3D 程序、隐式 LS-NIKE2D、LS-NIKE3D 热分析程序 LS-TOPAZ2D、LS-TOPAZ3D，前后处理程序 LS-MAZE、LS-ORION、LS-INGRID、LS-TAURUS 等商用程序，逐步规范、完善了程序的分析功能，增加了汽车安全性分析、冲压板成型及流固耦合（ALE 和 Eluer 算法），应用范围不断扩大，并建立起完备的软件质量保证体系。1997 年，LSTC 将以上程序制成软件包，并新开发了后处理程序 LS-POST。1999 年增加了 LS-NIKE2D、LS-NIKE3D 隐式模块[2]。2001 年增加了不可压缩流体求解模块。2003 年，推出计算能力更为强大、计算领域和方法更为宽广的版本。

2. 功能[3]

非线性显式分析程序包 *LS-DYNA* 功能齐全，可求解各种几何非线性、材料非线、和接触非线问题，特别适用于各种非线性结构的冲击动力学问题的分析，如爆炸、结构碰撞、金属加工等，也能应用于传热、流体流动以及流固耦合问题，是功能齐全的几何非线性（大位移、大转动、大应变）、材料非线性和接触非线性程序。以 Lagrange 算法为主，兼有 ALE 和 Euler 算法；以显示求解为主，兼有隐式求解功能；以结构分析为主，兼有热分析、流体－结构耦合功能；以非线性动力分析为主，兼有静力分析功能，是军事与民用各行业的通用结构分析非线性有限元程序。

具有丰富的单元库，其中包括二维、三维实体单元、薄厚壳单元、梁单元、ALE 单元、Eulirian 单元、Lagrangian 单元等，各类单元又有多种算法可供选择，具有大位移、大应变和大转动性能，单元积分采用砂漏黏性阻尼以克服零能模式，计算速度快。

有庞大的材料模型库，150 种金属和非金属材料模型，弹性、弹塑性、超弹性、泡沫、玻璃、地质、土壤、混凝土、流体、符合材料、炸药、刚体等一应俱全，还有多种气体状态方程，可考虑失效、损伤、黏性、蠕变、与温度相关、与应变相关等材性，还能支持拥护自定义的材料[4]。

有全自动接触分析功能，有 50 多种接触分析方式可供选择，可求解柔－柔、柔－刚、刚－刚之间的接触，可分析接触表面的静动力摩擦、固连失效及流固界面。

5.1.2 ANSYS/LS-DYNA 的适用范围[5~8]

ANSYS/LS-DYNA 已经在很多领域得到广泛应用，解决了许多理论分析和实践不容易解决的问题，有力地促进了这些行业技术的发展。它们是：航空航天（飞机的冲击动力学仿真、火箭级间模拟等）、土木建筑工程（地震工程、工程爆破拆除、混凝土结构分析等）、国防工业（侵彻动力学分析、战斗部结构分析、爆破冲击效应分析等）、汽车工业（整车结构分析、假人气囊安全带的模拟、交通事故模拟等）、石油工业（管道动力学、流固耦合震动分、石油平台结构分析与设计等）、加工制造业（金属与塑料的切割、冲压、锻造、铸造、挤压拉伸成型过程的模拟等）、电子工业（产品的跌落测试分析等）、材料工程（新材料的研制和变形特性分析等）。

5.1.3 ANSYS/LS-DYNA 的工作环境

将显示分析程序 LS-DYNA 与 ANSYS 仿真分析环境有机地结合在一起，完成各种 ANSYS/LS-DYNA 高度非线性的瞬间动力过程分析。

LS-DYNA 程序采用动力松弛（Dynamic Relaxation）技术，LS-DYNA 有很强的自适应功能、二维部分可交互式重分网格（Rezone）、二维和三维网格自动重分、用户自定义自适应网格细分、质量缩放和子循环等。

5.1.4 ANSYS/LS-DYNA 的一般分析过程

计算机安装完成 ANSYS/LS-DYNA 的建模、分析、后处理程序后，具体问题分析操作步骤如下：

1. 第一步，进入系统（准备工作）

① 点击进入 ANSYS-Launcher 界面，在 Launch 标签中指定 Simulation Environment 选项为 ANSYS，指定 License 选项为 ANSYS/LS-DYNA。

② 转到 File Management 标签，设定工作路径和工作文件名称。

③ 单击界面下方的 Run，进入 ANSYS/LS-DYNA 仿真分析环境的图形用户界面，出现 ANSYS 屏幕输出信息窗口。

经过初始化的 ANSYS/LS-DYNA 图形用户界面由以下内容组成[1]：

（1）应用程序菜单 Utility Menu：包括人机交互过程的可用操作工具，如文件管理 File、对象的选择 Select、数据资料列表 List、图形绘制 Plot、绘图控制

PlotCtrls、工作平面设置 Workplane、参变量设置 Parameters、宏管理 Macro、菜单控制 MenuCtrls 和帮助 Help。

（2）主菜单 Main Menu：包含分析过程中各环节需要用的操作命令，如建模、网格划分、施加约束、荷载、分析求解过程、结果的图形化显示等，这些命令分别属于前处理器、求解器、后处理器等不同的模块。

（3）工具栏 Toolbar：包含程序执行过程中常用的命令和按钮（通过定义命令缩写，可增加工具条中的按钮）。

（4）输入栏窗口 Input Window：命令输入过程中自动显示提示信息，按右端的 $\boxed{\text{V}}$ 键下拉列表以前输入的命令。

（5）图形显示窗口 Graphic Window：即时显示建模和后处理操作结果的图形。

（6）输出信息窗口 Output Window：显示程序运行过程中的各种中间信息和计算结果输出等参数，可以了解当前的工作运行情况和进程情况。

ANSYS/LS-DYNA 分析环境与 ANSYSMultiphysics 相似，只是具体菜单项有差异。

具体分析操作时 ANSYS/LS-DYNA 有两种操作方式：

①图形用户界面操作方式（人机交互式）：图形用户界面 GUI 具有功能强大的菜单选项，鼠标点击"调用"即可完成建模和分析操作。

②输入命令流或批处理操作方式：在命令输入栏中直接键入命令，实现各种程序功能。或者将一个分析的操作命令按先后顺序编成一个批处理命令流文件（文本格式即可），启动程序后通过菜单项 MenuUtility→File→Read Input From，选择输入文件即可。

2. 第二步，前处理——建立分析模型

指定分析所用的单元类型并定义实常数（比如梁、柱的截面积等），指定材料模型，建立几何模型，进行网格划分，形成有限单元模型，定义与分析有关的接触信息、边界条件、荷载条件。这些都可利用 ANSYS 的前处理器 PREP7 完成，生成一个输入文件。尽管一个简单分析可以直接应用字符命令输入，但通常的作法是把问题模型图形化。

3. 第三步，分析选项设置及求解

指定分析的结束时间和各种求解控制参数，形成关键字文件（LS-DYNA

计算程序的数据输入文件），递交 LS-DYNA970 求解器进行计算。此步骤是求解输入文件所确定的数值问题，模拟计算通常在内存中运行，一个应力分析的算例包括输出位移和应力，并储存在二进制文件中便于进行后处理。完成一个求解过程所需要的时间从几秒到几天，这取决于问题的复杂程度和计算机的运算能力。

4．第四步，结果后处理与分析

一旦完成模拟计算和计算出位移和应力，就可以对计算结果进行后处理。对计算的结果数据进行可视化处理并进行相关分析，用 ANSYS 的通用后处理器 POST1 和时间历程后处理器 POST26 完成，必要时也可调用 LS－POST 程序进行结果处理。处理器读入二进制的输出文件，可以用各种各样的方法显示结果，其中包括彩色等值线图、动画、变形形状图及 $x-y$ 图。

总之，ANSYS/LS-DYNA 显示动力分析过程可以归纳为包括前处理、求解、后处理三个环节，流程图见图 5.1。

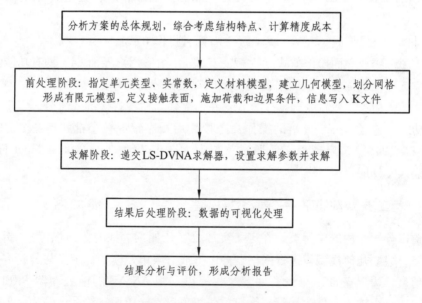

图 5.1　ANSYS/LS-DYNA 的一般分析流程

Fig 5.1　Analyzing process of ANSYS/LS-DYNA

ANSYS 程序运算流程见图 5.2。

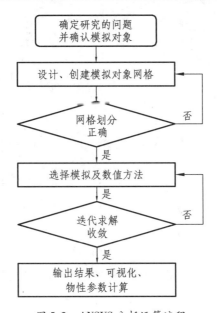

图 5.2　ANSYS 分析运算流程

Fig 5.2　Analyzing operation process of ANSYS

5.2　钢筋混凝土带芯分体柱承载力及抗震作用数值模拟

根据本书实际情况，对 Z-1、Z-2 进行了压、弯、剪及地震作用下的有限元数值模拟，该柱边长 1.5 m、上下各设 0.2 m 整截面过渡区、缝宽 0.2 m、纸面石膏板填缝，柱净高 3 m，采用 C40 混凝土，SRB335（$f_y = 300 \, \text{N/mm}^2$）钢筋，箍筋用 SPB235（$f_y = 210 \, \text{N/mm}^2$）。构件外形尺寸见图 5.1，截面参数见表 5.1。

表 5.1　钢筋混凝土带芯分体柱数值模拟模型（kN，kN－m，mm²）

Tab 5.1　numerical simulation models of reinforced concrete split－column

名称	轴压力，弯矩，剪力	设计轴压比	柱普通纵筋（全部）配筋率	普通箍筋体积配箍率	柱芯纵筋配筋率	芯部箍筋配箍率
Z-1	35 000, 0, 0	0.8	36φ25 = 17 671　3% A = 166 51	6φ10@ 100　0.013 75	12φ20 = 502 4　0.6% A = 333 0	4φ8@ 100　0.010 05
Z-2	35 000, 60, 3000	0.8	48φ25 = 235 62　4% A = 222 01	8φ10@ 100　0.018 333	16φ20 = 502 4　0.8% A = 444 0	4φ10@ 100　0.015 7

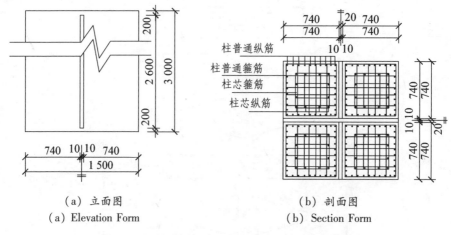

（a）立面图

（a）Elevation Form

（b）剖面图

（b）Section Form

图 5.1　钢筋混凝土带芯分体柱的立面、截面形式

Fig 5.1　Elevation and Section Forms of reinforced concrete split core – column

5.2.1　前处理

1. 材料的模拟

（1）单元类型。

混凝土单元采用八节点实体单元 Solid164 单元模拟[16]，缺省时它应用缩减（单点）积分和黏性沙漏控制以得到较快的单元算法。该单元主要用于模拟三维配筋或者不配筋混凝土模型，由八个节点定义，在各节点上有三个自由度，即三个坐标轴方向的平移自由度，各点位移均可用节点位移来确定；Solid165 单元可以模拟材料沿三个正交方向的断裂、塑性变形、压碎和蠕变等功能。钢筋采用三维杆件单元 Link8 单元模拟，该单元在是杆轴方向的拉压单元，在各节点上具有三个自由度，即三个坐标轴方向的平移自由度。Link8 单元可以模拟材料的塑性变形、蠕变、膨胀、应力刚化、大变形、大应变等功能。本书模型混凝土和钢筋均选用塑性随动硬化模型，LS-DYNA 中材料号为 ＊MAT＿PLASTIC＿KINEMATIC。

（2）实常数。

对于 Solid164 单元，可以通过实常数来定义混凝土三个不同规格的配筋率，而达到模拟配筋混凝土或其他材料加强的混凝土的目的。在本次分析中需要研究混凝土、普通纵筋和箍筋、芯部纵筋和箍筋的应力、应变发展情况，另外采用

Beam161 单元来模拟纵向钢筋和箍筋，在混凝土 Solid164 单元实常数中的各配筋率均取为 0。Beam161 单元的实常数为其截面面积和初始应变，截面面积为钢筋的公称截面面积，初始应变为 0。

（3）材料属性。

混凝土为箍筋约束混凝土。

弹性属性选择各项同性材料，主要包括材料的弹性模量和泊松比[9]。混凝土弹模量按照材性试验所测取值，弹性阶段泊松比取 0.2。混凝土的单轴抗压强度和单轴抗拉强度根据我国《混凝土结构设计规范》确定：

$$f_{ck} = 0.67 f_{cu} \tag{5-2}$$

$$f_{tk} = 0.23 f_{cu}^{2/3} \tag{5-3}$$

另外还需要确定：开口裂缝剪力传递系数、闭口裂缝剪力传递系数，剪力传递系数表达的是混凝土开裂后传递剪力的能力。研究表明，为了便于解决叠代的闭合（Convergence）问题，开口裂缝剪力传递系数取为 0.5、闭口裂缝剪力传递系数取为 1.0 较合理。

钢筋的弹性属性选择各向同性材料，弹性模量取实测值，泊松比取 0.3。钢筋的塑性属性选择双线性随动强化 BKIN 材料，屈服强度取实测值，应力-应变曲线见图 5.3。

（4）本构关系。

混凝土的应力-应变关系本次分析中采用前述的 Hognestad 模型，应力-应变曲线见图 5.2，钢筋的应力-应变曲线见图 5.3[9]。

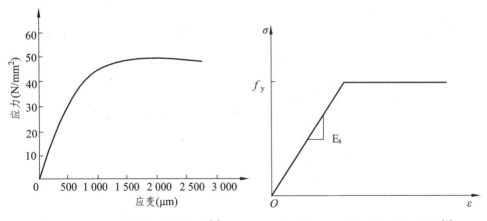

图 5.2　混凝土的应力 - 应变曲线[9]

Fig 5.2　curve of stress - strain of concrete

图 5.3　钢材的应力 - 应变曲线[9]

Fig 5.3　curve of stress - strain of steel

2. 钢筋与混凝土之间的黏结

钢筋与混凝土之间的黏结滑移关系有两种处理方法：完全黏结法没有相对滑移，是目前常用的方法；加入黏结单元法，在二者之间加入黏结单元模拟钢材与混凝土之间的黏结滑移性能，常用的黏结单元有双弹簧单元、无厚度四边形单元、Delrft 大学斜弹簧单元、清华大学斜弹簧单元等，加入黏结单元对钢筋混凝土性能没有明显影响[10～15]。

本书假设钢筋与混凝土之间为完全黏结，不产生相对滑移。

5.2.2　有限元模型的建立和求解

1. 建立模型

图 5.4 为 Z-1、Z-2 有限元图，图 5.5 为柱纵向钢筋分布图、图 5.6 为芯柱钢筋分布图、图 5.7 为柱箍筋图、图 5.8 为芯柱箍筋图、图 5.9 为整体钢筋分布图。

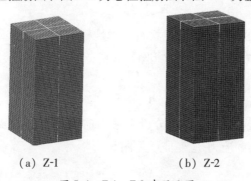

(a) Z-1　　　　　　　　(b) Z-2

图 5.4　Z-1、Z-2 有限元图

Fig 5.4　figure of finite element of Z-1、Z-2

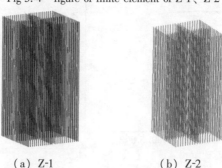

(a) Z-1　　　　　　　　(b) Z-2

图 5.5　柱普通纵筋分布图

Fig 5.5　figure of distributing of vetical steel bar of Z-1、Z-2

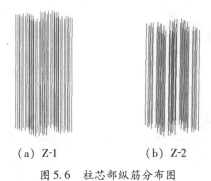

（a）Z-1　　　　　　　（b）Z-2

图 5.6　柱芯部纵筋分布图

Fig 5.6　figure of distributing of core vetical steel bar of Z-1、Z-2

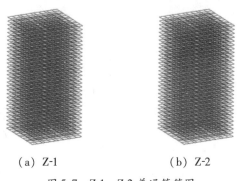

（a）Z-1　　　　　　　（b）Z-2

图 5.7　Z-1、Z-2 普通箍筋图

Fig 5.7　figure of ordinary pinch of Z-1、Z-2

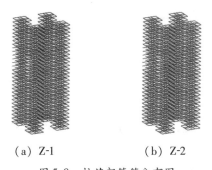

（a）Z-1　　　　　　　（b）Z-2

图 5.8　柱芯部箍筋分布图

Fig 5.8　figure of core pinch of Z-1、Z-2

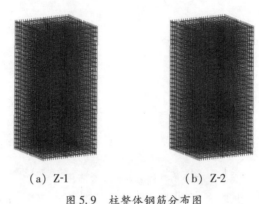

（a）Z-1　　　　　　（b）Z-2

图 5.9　柱整体钢筋分布图

Fig 5.9　figure of wholel steel bar of Z-1、Z-2

2. 模型的求解

约束条件：柱底三方向的平移自由度及转动自由度都约束住，将竖向压力分解成节点力施加在顶部节点上；偏压时将每个柱单元顶部中心处分别施以同样大小方向相反的力偶；剪力用线荷载设在顶板一侧。Z-1 轴向压力设计值为35 000 kN，剪力为 600 kN，地震力采用加速度加载方式，加速度最大值采用 1.6 m/s²，周期采用 0.05 s[16,17,18]。

图 5.10、5.11 是 0.08 s 时 66484 号混凝土单元 Y 向应力及有效应力云图。图 5.12、13 为 106797 号纵向钢筋单元轴向应力及轴向力曲线。

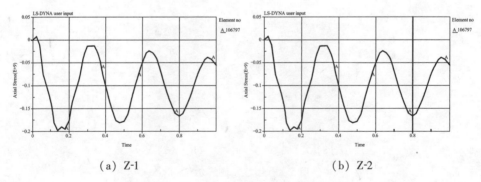

（a）Z-1　　　　　　　　（b）Z-2

图 5.10　在 0.08 秒时混凝土单元 Y 向应力

Fig 5.10　stress of concrete of Y on time of 0.08s

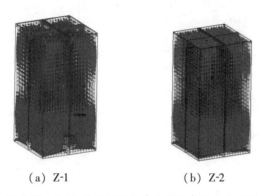

（a）Z-1　　　　　　　　　　（b）Z-2

图 5.11　0.08 秒时混凝土单元 Y 向有效应力云图

Fig 5.11　nephogram of effective stress of concrete of Y on time of 0.08s

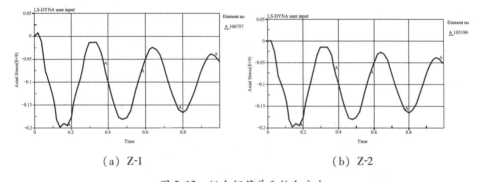

（a）Z-1　　　　　　　　　　（b）Z-2

图 5.12　纵向钢筋单元轴向应力

Fig 5.12　axial stress of portrait steel bar

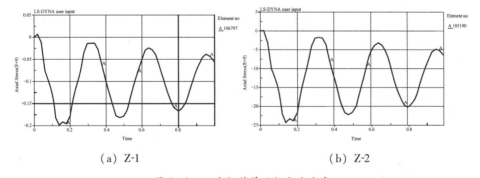

（a）Z-1　　　　　　　　　　（b）Z-2

图 5.13　纵向钢筋单元轴向力曲线

Fig 5.13　curve of axial force of portrait steel bar r

图 5.14、5.15 为 107881 号芯柱纵向钢筋单元轴向应力及轴向力曲线。

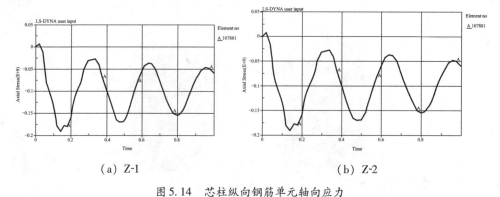

（a）Z-1　　　　　　　　　　　（b）Z-2

图 5.14　芯柱纵向钢筋单元轴向应力

Fig 5.14　axial stress of portrait steel bar of the core

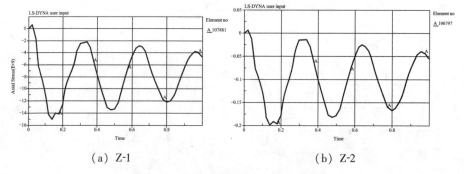

（a）Z-1　　　　　　　　　　　（b）Z-2

图 5.15　芯柱纵向钢筋单元轴向力曲线

Fig 5.15　curve of axial force of portrait steel bar of the core

图 5.16、5.17 为 117680 号箍筋单元轴向应力及轴向力曲线。

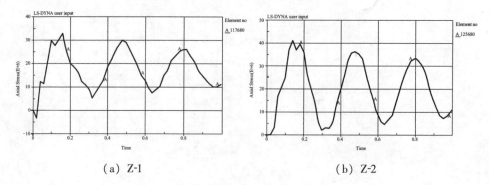

（a）Z-1　　　　　　　　　　　（b）Z-2

图 5.16　箍筋单元轴向应力

Fig 5.16　axial stress of pinch

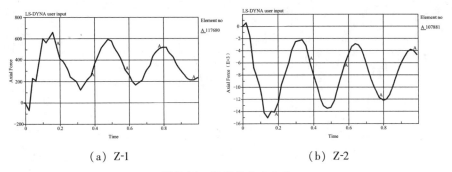

（a）Z-1　　　　　　　　　　　　　　　　（b）Z-2

图 5.17　箍筋轴向力曲线

Fig 5.17　curve of axial force of pinch

图 5.18、5.19 为 139444 号芯柱箍筋单元轴向应力及轴向力曲线。

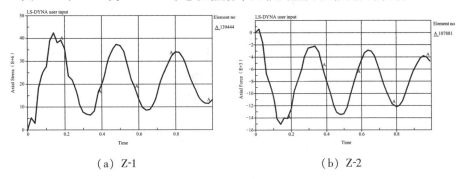

（a）Z-1　　　　　　　　　　　　　　　　（b）Z-2

图 5.18　芯柱箍筋单元轴向应力

Fig 5.18　axial stress of pinch of the core

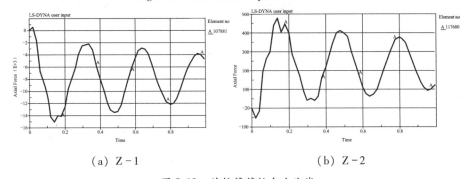

（a）Z-1　　　　　　　　　　　　　　　　（b）Z-2

图 5.19　芯柱箍筋轴向力曲线

Fig 5.19　curve of axial force of pinch of the core

图 5.20、21、22、23、24、25 为地震波型图和 Z-1 在地震作用下的混凝土应力、普通纵筋应力、普通箍筋应力、芯部纵筋应力、芯部箍筋应力曲线。

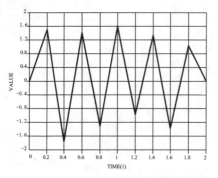

图 5.20 输入地震波型图

Fig 5.20 curve of earthquake
acceleration waves

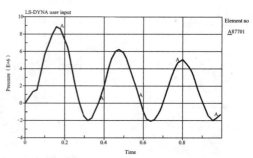

图 5.21 地震作用下的混凝土应力

Fig 5.21 stress of concrete concrete
under earthquake

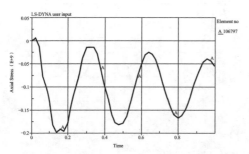

图 5.22 地震作用下普通钢筋应力

Fig 5.22 axial stress of ordinaryportrait steel
bar effected by earthquake

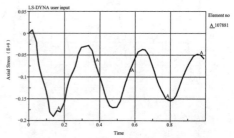

图 5.23 地震作用下普通箍筋应力

Fig 5.23 axial stress of ordinary portrait
steel bar effected by earthquake

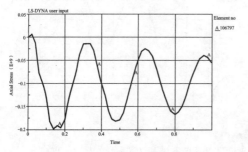

图 5.24 地震作用下芯部钢筋应力

Fig 5.24 stress of core steel bar effected
by earthquake

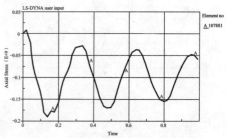

图 5.25 地震作用下芯部箍筋应力

Fig 5.25 stress of core pinch effected
by earthquake

5.3　钢筋混凝土带芯分体柱有限元模拟结果分析

根据以上对钢筋混凝土带芯分体柱在压弯剪及地震作用下的数值模拟结果，现分析如下。

5.3.1　轴压数值模拟结果与理论计算数值对照

对钢筋混凝土带芯分体柱有限元模拟试件 Z-1、Z-2 进行了压剪和地震作用下的计算，结果与前面公式计算结果基本吻合。

将 Z-1 轴压模拟计算所得数据代入公式（3 - 13）：

$$N = 4 * N_i \leqslant 3.6\phi \ (f_c A_i + f_y' A_{si}')$$

右边 $= 3.6\phi \ (\sigma_c A_i + \sigma_y' A_{si}')$

$= 3.6 \times 1.0 \times \ (14 \times 529\,929 + 95 \times 17\,671) \ = 3.6 \times 9\,097.8 = 32\,752 \ (kN)$

$< 35\,000 \, kN$

说明芯部钢筋参与受力。

将模拟计算所得数据代入公式（3 - 24）：

$$N_i^{sc} = 0.9\phi \ (f_c A_i + f_y' A_{si}') \ \times \left[1 + \frac{\alpha A_{si0} f_{y0}}{(A_i - A_{si0}) \ f_c} \right]$$

右边 $= 0.9\phi \ (\sigma_c A_i + \sigma_y' A_{si}') \ \times \left[1 + \dfrac{\alpha A_{si0} \sigma_{y0}}{(A_i - A_{si0}) \ \sigma_c} \right] =$

$= 0.9 \times 1.0 \times \ (14 \times 529\,929 + 95 \times 17\,671) \ \times \left[1 + \dfrac{0.8 \times 5\,024 \times 110}{(529\,929 - 5\,024) \ \times 14} \right]$

$= 8\,619.1 \, kN$

左边 $= 35\,000/4 = 8\,750 > 8\,680.6 \, kN$，差值为 $130.95 \, kN$，1.50%，基本可行。

5.3.2　偏压数值模拟结果与理论计算数值对照

将 Z-2 偏压模拟计算所得数据代入公式（3 - 28）、（3 - 29）：

$$N_i^{sc} \leqslant \alpha_1 f_c b_1 x + f_y' A_s' + \alpha \sigma_{ci0}' A_{si0}' - \sigma_s A_s \quad （公式 \ 3 - 28）$$

右边 $= 1.0 \times 14 \times 740x + 300 \times 4\,910 + 0.7 \times 14 \times 1\,110 - \sigma_s A_s = 10\,360x +$

$1\,483\,878 - \sigma_s A_s$

左边 $= 35\,000/4 = 8\,750 \, kN$；

$$\sigma_s = \left(\frac{\xi - \beta_1}{\xi_b - \beta_1}\right)f_y = 937.5 - 1.674x$$

$$N_i^{sc} e \leq \alpha_1 f_c b_1 x \left(h_0 - \frac{x}{2}\right) + f_y'A_s'(h_0 - a_s') + \alpha\sigma_{ci0}'A_{si0}'e_{s0}' \quad [公式（3 - 29）]$$

$$右边 = 1.0 \times 15 \times 740x\left(700 - \frac{x}{2}\right) + 300 \times 4\,910 \times (700 - 40) + 0.7 \times 15 \times 1\,110$$

$$\times 453.3$$

$$= 7\,770\,000x - 5\,550x^2 + 972\,180\,000 + 5\,283\,211.5$$

$$e_{s0}' = \frac{2h_1}{3} - a_s = 453.3$$

$$e_i = e_0 + e_a = 25\text{mm}$$

$$e = \eta e_i + \frac{h_1}{2} - a_s = 1 \times 25 + 740/2 - 40 = 355 \quad (\text{mm})$$

左边 $= 8\,750 \times 355 = 3\,106.25\,\text{kN} \cdot \text{m}$,

$x_1 = 1\,026.24 > h_0$ 全截面受压，取 $x = h_0 = 700$

则 $\sigma_s = -234.3$（受压）

公式（3 - 28）右边 $= 12\,528$，说明公式偏于保守，原因可能是垂直于受压侧并靠近受压侧排列的钢筋的侧面钢筋参与受压，而计算中并未给于考虑。如此可以看出：偏心受压时，受力钢筋应当尽可能地排在受力方向上。

结论：通过以上分析对比可以看出，钢筋混凝土带芯分体柱正截面受压时，每个小柱单元除芯部钢筋参与受力外，其他方面与普通钢筋混凝土柱相同，而由于芯部钢筋的参与受压，使得柱竖向承载力提高。

5.3.3 剪切数值模拟结果与理论计算数值对照

剪切作用模拟的计算结果如下：

将剪压模拟计算所得数据代入公式（4 - 10）：

$$V_i \leq \frac{1.75}{\lambda_i + 1}f_t b_1 h_0 + f_{yv}\frac{A_{sv}}{s}h_0 + 0.5\alpha f_{sc}yv\frac{A_{sv1}^{sc}}{s^{sc}}h_{10}^{sc} + 0.07N_i^{sc}$$

$$右边 = \frac{1.75}{4.05 + 1} \times 1.1 \times 740 \times 700 + 130 \times \frac{302}{100} \times 700 + 0.5 \times 0.7 \times 120 \times \frac{201}{100} \times$$

$$250 + 0.07 \times 0.3 \times 19.1 \times 740^2$$

$$= 197.45 + 274.82 + 21.11 + 219.64 = 713.02\,\text{kN}$$

左边 $= 3\,000/4 = 750 > 713.02$，说明公式偏于保守，差值 $= 36.98$，4.93%，

可以接受。

5.3.4　地震作用数值模拟结果与理论计算数值对照

模拟时因为只建立一根钢筋混凝土带芯分体柱，所以应当按照一层建筑物进行地震力计算。由公式（4-16）可得单根柱最大水平地震作用标准值为

$$V \leqslant \frac{1}{\gamma_{RE}} (0.2 f_c b h_0) = \frac{1}{0.8} \times (0.2 \times 19.1 \times 740 \times 700) = 2473.5 \text{ kN}。$$ 由《抗规》[19] 第 5.1.4 和 5.2.1 条，则 $F_{EK} = \alpha_1 G_{eq} = 2473.5 = 0.16 \times G_{eq}$（自重标准值 + 活荷载组合值其中不应包含屋面活荷载），G_{eq} 最大可以取到 15 460 kN，本次模拟取到 $G_{eq} = 7\,000$ kN；

当采用钢筋混凝土带芯分体柱时，由公式（4-16）条可得单根柱水平地震作用标准值为：

$$V_i^{sc} \leqslant \frac{1}{\gamma_{RE}} \left[\frac{1.05}{\lambda_i + 1} f_t b_1 h_0 + f_{yv} \frac{A_{sv1}}{s} h_{10} + 0.5 \alpha f_{yv}^{sc} \frac{A_{sv1}^{sc}}{s^{sc}} h_{10}^{sc} + 0.056 N_i^{sc} \right]$$

左边 $= 0.16 \times G_{eq} = 0.16 \times 7\,000 = 1\,120\,(\text{kN})$；

$$左边 = \frac{1}{0.8} \times \left[\frac{1.05}{4.05+1} \times 0.8 \times 740 \times 700 + 100 \times \frac{628}{100} \times 700 + 0.5 \times 0.7 \times 100 \times \right.$$

$$\left. \frac{314}{100} \times 250 + 0.056 \times 0.3 \times 19.1 \times 740^2 \right]$$

$$= \frac{1}{0.8} \times (86.2 + 439.6 + 27.5 + 175.72) = 1.25 \times 729.0 = 911.3 \text{ kN} <$$

1 120 kN，偏于保守，差值为 208.75 kN，18.6%，接受。

5.3.5　体积配箍率对于核心柱受压影响的数值模拟分析

比较 Z-1、Z-2 体积配箍率对于核心柱偏心受压的影响，首先考察柱中部混凝土、钢筋的应力发展曲线，见图 5.10。从图中可以看出，混凝土应力发展与钢筋的应力发展具有相似性，两根体积配箍率不同的同尺寸钢筋混凝土带芯分体柱在轴心荷载作用下混凝土的应力基本相同，说明配箍率不直接影响受压承载力。但箍筋的增加提高了柱的抗剪承载力（剪应力降低），说明体积配箍率越大对于钢筋混凝土带芯分体柱的抗震延性的提高是有益的。

5.4　本章小结

本章主要介绍了 ANSYS/LS-DYNA 的发展过程及适用范围、工作环境、一般分析过程、显示动力分析材料模型等，简要介绍了 ANSYS/LS-DYNA 的一般建模、处理、分析分析过程。采用 ANSYS/LS-DYNA 软件，结合各种材料的本构关系，建立了钢筋混凝土带芯分体柱有限元模型，并进行了数值模拟计算。数值模拟结果和理论结果接近，说明采用大型通用有限元软件 Ansys 分别对钢筋混凝土带芯分体柱进行三维有限元模拟是可行的，与理论结果吻合较好。

第 6 章　钢筋混凝土带芯分体柱抗震设计建议

6.1　设计总原则

（1）钢筋混凝土带芯分体柱是采用隔板将整截面带芯柱沿竖向分为几个（本书研究的是 4 个）等截面的单元柱，并分别配筋，几个单元柱之间的分隔板作为填充材料。

（2）钢筋混凝土带芯分体柱适用于设防烈度为Ⅶ～Ⅸ度的高层建筑和多层工业厂房的框架、框架—剪力墙以及框支结构中剪跨比 $\lambda \leqslant 2$ 的短柱。这里剪跨比按下式计算：

$$\lambda = M_C / (V_C h_0) \tag{6-1}$$

式中　M_C——柱端截面按不同抗震等级调整的组合弯矩计算值（计算方法见《抗规》[1]第 6.2.2 条和《高规》[2]第 6.2.1 条的规定，取上下端弯矩的较大值。《抗规》第 6.2.3 条和《高规》第 6.2.2 条尚且规定了：一、二、三级框架结构的底层（指无地下室的基础以上或地下室以上的首层）柱下端截面组合弯矩设计值，应分别乘以增大系数 1.5、1.25 和 1.15；底层柱纵向钢筋宜按上下端的不利情况配置。框架抗震等级按《抗规》[1]第 6.1 节和《高规》[2]第 4.8 节的规定确定）；

　　　　V_C——柱端截面按不同抗震等级调整的组合剪力计算值（计算方法见《抗规》第 6.2 节和《高规》第 6.2 节的规定，取上下端弯矩的较大值；并按《抗规》第 6.2.4 条～第 6.2.10 条、《高规》第 6.2.3 条～第 6.2.13 条计算）；

　　　　h_0——钢筋混凝土带芯分体柱截面有效高度。

（3）本规定根据《建筑结构可靠度设计统一标准》（GB50068—2001）、《工程结构可靠度设计统一标准》（GB50153—92）的原则规定，符号、计量单位和基本术语符合《工程结构设计基本术语和统一符号》（GBJ132—90）的要求。

（4）本规定是遵照国家标准《混凝土结构设计规范》（GB50010—2002）、《建筑抗震设计规范》（GB50011—2001）、《高层建筑混凝土结构技术规程》（JGJ3—2002、J186—2002），根据有关理论分析、数值模拟研究成果编制而成的。钢筋混凝土带芯分体柱及框架的抗震设计除应符合本规定外，尚应遵守国家现行有关规范、规程、标准的规定。

6.2 钢筋混凝土带芯分体柱与框架的构造

（1）钢筋混凝土带芯分体柱的各个单元柱可以是方形截面也可以是矩形截面，如图 6.1 所示。单元柱的边长不宜小于 400mm；单元柱截面的长宽比不宜大于 1.5，即 $h_1/b_1 \leqslant 1.5$。目前的研究中，每个方向只能分为两个单元柱，建议设计每个方向最多也只分两个。

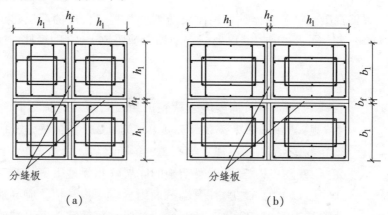

图 6.1 钢筋混凝土带芯分体柱的截面形式

Fig 6.1 Section Form of reinforced concrete split core – column

（2）分隔缝宽度 b_f、h_f 宜为 10～20mm，不宜设置太宽，否则会导致影响各个分体单元之间的协调变形。

（3）隔板宜优先采用纸面石膏板。

（4）钢筋混凝土带芯分体柱上下端均应留有整截面过渡区（以下称过渡区），如图 6.2 所示，过渡区高度为 100～200mm。

（5）分体柱与框架梁不得有偏心，如图 6.3（a）所示；当框架梁的截面宽度较小时，可采用加腋的方式处理，如图 6.3（b）所示。

（6）与钢筋混凝土带芯分体柱相邻的节点核芯区上下层柱的截面尺寸不得有变化，如图 6.4 所示。

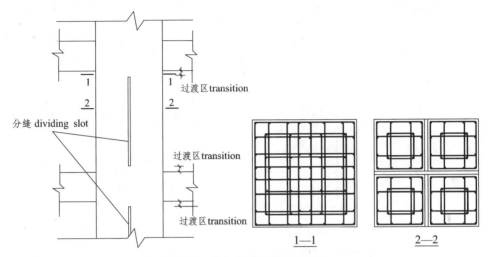

图 6.2　柱上下端过渡区的设置

Fig 6.2　Section Form of reinforced concrete split – column

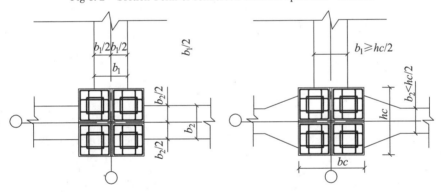

图 6.3　钢筋混凝土带芯分体柱与框架梁的连接构造

Fig 6.3　juncture between reinforced concrete split – column and frame beam

（7）分体柱不得用于与剪力墙相连的柱，如图 6.5 所示。

（8）钢筋混凝土带芯分体柱的换算轴压比按式（3-25）进行计算：$n^{sc} = n + \dfrac{\alpha n A_{si0} f_{y0}}{(A_i - A_{si0}) f_c}$，式中符号意义见第 3 章。

6.3　钢筋混凝土带芯分体柱框架与柱的设计计算

（1）一般分体柱框架包括分体柱与非分体柱（即整截面柱），分体柱框架的

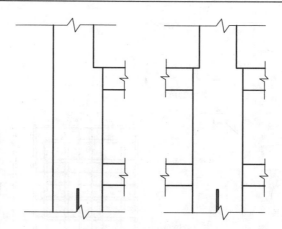

图 6.4 钢筋混凝土带芯分体柱上下端过渡区的设置

Fig 6.4 trasition Section Form of reinforced concrete split core – column

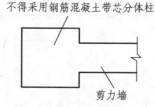

图 6.5 与剪力墙相连的柱

Fig 6.5 Column connected with shear wall

弹性分析计算可将分体柱刚度取为外包尺寸相同的整截面柱刚度的 0.7 倍[3]。一般钢筋混凝土带芯分体柱框架包括带芯分体柱、带芯非分体柱（也就是整截面柱）和普通钢筋混凝土柱，带芯分体柱框架柱的弹性分析计算可将带芯分体柱刚度取为外包尺寸相同的整截面柱刚度的 0.7 倍。

（2）带芯分体柱框架设计计算

① 为实现"强柱弱梁"，一、二、三级分体柱框架的梁柱节点处，除框支层外，分体柱柱外端弯矩设计值应符合下式要求：

$$\sum M_c = \eta_c \sum M_b \qquad (6-2)$$

抗震裂度Ⅸ度和一级框架结构尚应符合：

$$\sum M_c = 1.2 \sum M_{bua} \qquad (6-3)$$

式中 $\sum M_c$——节点上下柱端截面顺时针或反时针方向组合的弯矩设计值之和（上下柱端的弯矩设计值一般情况下可按弹性分析的刚度比例分配）；

$\sum M_b$——按弹性分析考虑带芯分体柱刚度折减系数后求得的节点左右梁

端截面反时针或顺时针方向组合的弯矩设计值之和（节点左右梁端均为负弯矩时，绝对值较小一端的弯矩应取为 $0^{[2]}$）；

η_c——柱端弯矩增大系数，也叫强柱系数，一级取为 1.4，二级取为 1.2，三级取为 1.1；

$\sum M_{bua}$——节点左、右梁端截面反时针或顺时针方向根据实配钢筋面积（考虑受压筋）和材料强度标准值计算的受弯承载力所对应的弯矩设计值之和。

② 一、二级、三级带芯分体柱框架结构的底层柱下端截面和框支柱各层两端截面的弯矩设计值，应分别乘以增大系数 1.5、1.25 和 1.15。

③ 为实现"强剪弱弯"，钢筋混凝土带芯分体柱框架柱和框支柱端部组合的剪力设计值，应按下式调整：

$$V_c = \eta_{vc} \left(M_c^t + M_c^b \right) / H_n \tag{6-4}$$

抗震裹度 IX 度和一级框架结构尚应符合：

$$V_c = 1.2 \left(M_{cua}^t + M_{cua}^b \right) / H_n \tag{6-5}$$

式中　H_n——柱的净高；

η_{vc}——柱端剪力增大系数，也叫柱强剪系数，一级取为 1.4，二级取为 1.2，三级取为 1.1；

M_c^t，M_c^b——柱的上下截面顺时针或反时针方向组合的弯矩设计值，应符合《高规》第 6.2.1 和 6.2.2 的要求；

M_{cua}^t，M_{cua}^b——柱的上下截面顺时针或反时针方向根据实配钢筋面积、材料强度标准值和重力荷载代表值产生的轴压力设计值并考虑地震作用调整系数计算的弯矩设计值。

④ 按两个主轴方向分布考虑地震作用时，考虑扭矩的不利影响，一、二、三级框架结构的角柱按调整后的弯矩、剪力设计值宜乘以增大系数 1.40。底层角柱下端的弯矩设计值应取本条及第 2 条二者的较大值。

（3）钢筋混凝土带芯分体柱的正截面、斜截面计算[3]：

① 钢筋混凝土带芯分体柱的正截面承载力计算按各单元柱平均分担 M_c、N_c，用《混凝土设计规范》（GB50011—2001）关于偏压柱的设计方法进行计算。

a. 应考虑轴向压力在偏心方向存在的附加偏心矩 e_a，其值应取不小于 10mm 和偏心方向单元柱截面尺寸的 1/30 两者中的较大值[3]。

b. 每个单元柱的正截面受压承载力应按下列公式计算（见图 6.6）：

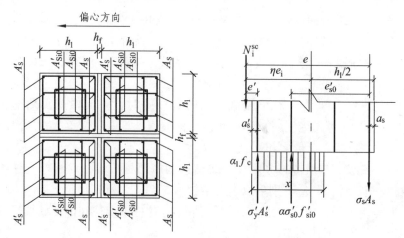

图 6.6　钢筋混凝土带芯分体柱正截面受压承载力计算简图

Fig 6.6　tsketch of Section prssed in section of reinforced concrete split core－column

$$N_i^{sc} \leqslant \alpha_1 f_c b_1 x + f_y' A_s' - \sigma_s A_s + \alpha\sigma_{s0} A_{si0} \qquad (6-6)$$

$$N_i^{sc} e \leqslant \alpha_1 f_c b_1 x \left(h_0 - \frac{x}{2} \right) + f_y' A_s' (h_0 - a_s') + \alpha\sigma_{ci0}' A_{si0}' e_{s0}' \qquad (6-7a)$$

公式（8－7）也可以写成：

$$N_i^{sc} e \leqslant \alpha_1 f_c b_1 h_0^2 \xi \left(1 - \frac{\xi}{2} \right) + f_y' A_s' (h_0 - a_s') + \alpha\sigma_{ci0}' A_{si0}' e_{s0}' \qquad (6-7b)$$

$$e = \eta e_i + \frac{h_1}{2} - a_s \qquad (6-8)$$

$$e_i = e_0 + e_a \qquad (6-9a)$$

$$e' = \frac{h_1}{2} - a_s' - (e_0 - e_i) \qquad (6-9b)$$

式中　e——轴向力作用点至受拉钢筋合力之间的距离；

e_i——初始偏心距；

a_s——受拉钢筋的合力点至截面近边缘的距离；

e_0——各带芯分体单元柱所分担的轴向力对该单元柱截面中心的偏心距：

$$e_0 = M_i^{sc} / N_i^{sc} \qquad (6-10)$$

e_{s0}'——柱芯受压钢筋合力作用点到受拉钢筋合力之间的距离，本书研究

的情况是柱芯钢筋设置在柱中 1/3 处，因此：

$$e_{s0}' = \frac{2h_1}{3} - a_s \qquad (6-11)$$

M_i^{sc}，N_i^{sc}——各带芯分体单元柱所分担的按抗震等级调整的弯矩设计值
（带芯分体柱本书按一分为四考虑研究）；

$$M_i^{sc} = M^{sc}/4 = M_c/4 \tag{6-12}$$

$$N_i^{sc} = N^{sc}/4 = N_c/4 \tag{6-13}$$

ξ——相对受压区高度，$\xi = \dfrac{x}{h_{10}}$ \hfill (6-14)

ξ_b——相对界限受压区高度（$\xi > \xi_b$ 时，为小偏心受压；$\xi \leqslant \xi_b$ 时为大偏
心受压）；

α_1——系数（当 $f_{cuk} \leqslant 50\mathrm{N/mm^2}$ 时，α_1 取为 1.0；当 $f_{cuk} = 80\mathrm{N/mm^2}$ 时，
α_1 取为 0.94，其间按直线内插法取用）；

η——当长细比 $l_0/h_1 > 8$ 时考虑二阶弯矩影响的轴向力偏心距 e_i 增大
系数[3]：

$$\eta = C_m \left[1 + \frac{K}{1400 e_i/h_{10}} \left(\frac{l_0}{h_1} \right)^2 \zeta_1 \zeta_2 \right] \tag{6-15}$$

$$C_m = 0.7 + 0.3 \frac{M_{i1}^{sc}}{M_{i2}^{sc}} \tag{6-16}$$

$$\zeta_1 = 0.2 + 2.7 \frac{e_i}{h_{10}} \tag{6-17}$$

$$\zeta_2 = 1.15 - 0.01 \frac{l_0}{h_1} \tag{6-18}$$

式中　C_m——无侧移结构中杆端弯矩不等的影响系数（当计算出的 $C_m < 0.55$
时，按 $C_m = 0.55$ 计算；对有侧移的框架，取 $C_m = 1.0$）；

K——荷载长期作用影响系数（对有侧移的框架和排架结构，取 $K = 0.85$，
对无侧移结构，$K = 1$）；

l_0——构件的计算长度，按《混规》[4]第 7.3.11 条取（在框架结构为现
浇盖楼时可取为：底层柱段 $l_0 = 1.0H$；其余各层柱段 $l_0 = 1.25H$）；

H——柱高，即层高（底层柱为从基础或地梁顶面到上一层楼盖顶面的高
度；对其余各层柱，为上、下两层楼盖结构顶面之间的距离）；

h_1——单元柱截面高度；

M_{i1}^{sc}——绝对值较小的单元柱柱端弯矩设计值（当与弯矩 M_{i2}^{sc} 同号时取正
值，当与弯矩 M_{i2}^{sc} 反号时取负值）；

M_{i2}^{sc}——绝对值较大的单元柱柱端弯矩设计值,取正值;

h_{10}——单元柱截面有效高度;

ζ_1——截面曲率修正系数,当 $\zeta_1 > 1.0$ 时,取 $\zeta_1 = 1.0$;

ζ_2——长细比对截面曲率的影响系数,当 $l_0 / h_1 < 15$ 时,取 $\zeta_2 = 1$。

β_1——系数(当混凝土立方体抗压强度标准值 $f_{cuk} \leqslant 50 \, \mathrm{N/mm^2}$ 时,β_1 取为 0.8;当 $f_{cuk} = 80 \, \mathrm{N/mm^2}$ 时,β_1 取为 0.74,其间按直线内插法取用。

f_y,$f_y{'}$——纵向钢筋的抗拉和抗压设计强度。

受拉边或受压较小边的钢筋的应力 σ_s,按下面的情况计算:

当 $\xi \leqslant \xi_b$ 时,为大偏心受压构件,取 $\sigma_s = f_y$,此处 ξ 为相对受压区高度,$\xi = x / h_0$;

当 $\xi > \xi_b$ 时,为小偏心受压构件,σ_s 按下列近似公式计算:

$$\sigma_s = \frac{f_y}{\xi_b - \beta_1} \Big(\frac{x}{h_1 - a_s} - \beta_1 \Big) \tag{6-19}$$

芯柱钢筋因为靠近中部,大偏心情况下有可能有一侧会出现拉应力,但此拉应力值较小,故不予计算;另一侧会出现压应力,由于平截面假定,在受压区混凝土开始破坏前,此受压钢筋一般不会达到屈服,其应力值:

$$\sigma_{s0}{'} = \frac{\left(\xi h_0 - \dfrac{h_1}{3} + a_s{'} \right) f_y{'} A_s{'}}{\xi h_0 A_{si0}{'}} \tag{6-20}$$

按上述公式计算钢筋应力应符合下列条件:

$$\begin{aligned} f_y{'} \leqslant \sigma_{s0}{'} \leqslant f_y \\ f_y{'} \leqslant \sigma_s \leqslant f_y \end{aligned} \tag{6-21}$$

当 σ_s 为拉应力且其值大于 f_y 时,取 $\sigma_s = f_y$;当 σ_s 为压应力且其值小于 $f_y{'}$ 时,$\sigma_s = -f_y{'}$;$\sigma_{s0}{'}$ 也是一样。

② 钢筋混凝土带芯分体柱的斜截面承载力计算按各单元柱分担 V_{ci},用下列计算方法计算:

a. 各单元柱的受剪截面应符合下列条件:

$$V_{ci} \leqslant \frac{1}{\gamma_{RE}} (0.2 \beta_c f_c b_1 h_{10}) \tag{6-22}$$

b. 各单元柱的斜截面受剪承载力应按下列公式计算:

$$V_i{}^{sc} \leqslant \frac{1}{\gamma_{RE}} \left[\frac{1.2}{\lambda_i + 1} f_t b_1 h_0 + f_{yv} \frac{A_{sv1}}{s} h_{10} + 0.07 N_i^{sc} + 0.5 \alpha f_{yv}^{sc} \frac{A_{sv1}^{sc}}{s^{sc}} h_{10}^{sc} \right] \quad (6-23)$$

当设防烈度为Ⅸ度时，应按下列公式计算：

$$V_{ci} \leqslant \frac{1}{\gamma_{RE}} f_{yv} \frac{A_{sv1}}{s} h_{10} \qquad\qquad (6-24)$$

式中　λ_i——各单元柱的名义计算剪跨比，$\lambda_i = M_i / V_i h_{10}$（当 $\lambda_i < 1$ 时，取 $\lambda_i = 1$；当 $\lambda_i > 3$ 时，取 $\lambda_i = 3$）；

　　　　V_i^{sc}——各单元柱所分担的考虑抗震等级的剪力设计值，$V_i^{sc} = V^{sc}/4 = V_c/4$；

　　　　N_i^{sc}——各单元柱所分担的考虑地震作用组合的轴向压力设计值（当 $N_i^{sc} > 0.3 f_c A_i$ 时，取 $N_i^{sc} = 0.3 f_c A_i$）；

　　　　A_i——各单元柱的截面面积，$A_i = b_1 h_1$。

（4）钢筋混凝土带芯分体柱的轴压比指各单元所承担的考虑地震作用组合的轴向压力设计值与单元柱的全截面面积和混凝土轴心强度设计值乘积之比值，其值不宜超过表 6.1 的规定，Ⅳ类场地土上较高的高层建筑的钢筋混凝土带芯分体柱轴压比限值应适当减小[1,第6.3.7]。

表 6.1　分体柱轴压比限值

Tab 6.1　Tthe limit axial - compression ratio of reinforced concrete split core - column

结构类别	抗震等级		
	一级	二级	三级
框架结构	0.85	0.95	1.05
框架 - 剪力墙结构	0.85	0.95	1.05
框 - 支剪力墙结构	0.7	0.8	—

（5）分体各个单元柱中纵向钢筋的配置，应符合下列各项要求：

① 宜采用对称配置。

② 单元柱截面尺寸大于 400mm 的，纵向钢筋间距不应大于 200mm。

③ 每个单元柱普通纵向钢筋的最小总配筋率应按表 6.2 采用，同时应满足每一侧配筋率不小于 0.2%。对Ⅳ类场地土上较高的高层建筑，表中的数值应增加 0.1。

④ 对 HRB335、HRB400 级钢筋，每个单元柱的最大配筋率不应大于 5%。

⑤ 柱芯配筋率 ρ_{sc} 根据计算需要，在 $0 \sim 2\%$ 的范围内取值，$\rho_{sc} = A_{sci}/A_i$，其中 A_{sci} 为柱芯一侧纵向钢筋总面积，A_i 为每个单元柱的截面积。

表6.2　钢筋混凝土带芯分体柱每个单元柱截面纵向钢筋的最小总配筋百分率

Tab 6.2　Tthe minimum reinforced percent of common steel bar in every piece of

reinforced concrete split－column

类别	抗震等级		
	一级	二级	三级
框架中柱和边柱	1.0	0.8	0.7
框架角柱、框支柱	1.2	1.0	0.9

（6）钢筋混凝土带芯分体柱各单元柱箍筋的配置，应符合下列各项要求：

① 根据抗剪承载力计算需求设置普通箍筋和芯部箍筋，芯部箍筋的配置应符合普通箍筋的配置要求；同时，芯部箍筋承担的剪力设计值不宜超过总设计剪力的10%。

② 普通箍筋加密范围，应按加密范围，应按下列规定采用：

a. 柱端，取单元柱截面高度、带芯分体柱净高的1/6和500mm三者的最大值；

b. 底层柱，当有刚性地面时，除柱端外尚应取刚性地面上下各500mm；

c. 框支柱，取全高；

d. 一级及二级框架的角柱，取全高。

③ 普通箍筋加密区的箍筋间距和直径，应符合下列要求：

a. 一般情况下，箍筋的最大间距和最小直径，应按《抗规》表6.3.8－2和《高规》表6.4.3－2采用；

b. 二级框架的箍筋直径不小于10mm时，最大间距可采用150mm；

c. 框支柱，箍筋间距不应大于100mm。

④ 箍筋加密区箍筋肢距，一级不宜大于200mm，二、三级不宜大于250mm和20倍箍筋直径的较大值，四级不应大于300mm。纵筋至少隔根拉结。

⑤ 箍筋加密区普通箍筋的最小体积配箍率，应符合下式要求：

$$\rho_v = \lambda_v f_c / f_{yv} \tag{6-25}$$

式中　ρ_v——按每个单元柱截面计算的体积配箍率（一、二、三级分别不应小于0.8%、0.6%和0.4%；计算复合的筋体积配筋率时，应扣除重叠部分的筋体积）；

f_c——混凝土轴心抗压强度设计值（强度低于C35时，取C35计算）；

f_{yv}——普通箍筋抗拉强度设计值（f_{yv}超过360N/mm² 时，取360N/mm²；

λ_v——最小含特征值，按表6.3取用[1第6.3.12条,2第6.4.7条]。

表 6.3　柱箍筋的最小配箍特征值

Tab 6.3　The minimum pinch eigenvalue of reinforced concrete column

抗震等级	箍筋形式	柱轴压比								
		≤0.3	0.4	0.5	0.6	0.7	0.8	0.9	1.0	1.05
一	普通箍，复合箍	0.10	0.11	0.13	0.15	0.17	0.20	0.23		
二	普通箍，复合箍	0.08	0.09	0.11	0.13	0.15	0.17	0.19	0.22	0.24
三	普通箍，复合箍	0.06	0.07	0.09	0.11	0.13	0.15	0.17	0.20	0.22

注：一、二级框支柱的含 特征值不应小于0.12。

（7）分体柱过渡区段内 筋应采用井子复合 ，内外肢应分开制作且外肢要比内肢加粗2mm，如图 6.7 所示，沿过渡区全高按间距不应大于 50mm 加密并应符合第六条规定。

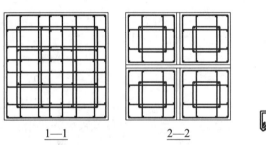 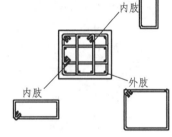

（a）过渡区与分体部分配箍示意图　　　　　（b）套箍形式

（a）sketch map of pinch form of trasition and main　（b）Form of ringer

body of reinforced concrete split core - column

图 6.7　过渡区箍筋的配置

Fig 6.7　pinch form of trasition of reinforced concrete split core - column

（8）钢筋混凝土带芯分体柱的抗侧力刚度及层间位移的计算

① 在钢筋混凝土带芯对分体柱框架进行正常使用条件下的结构水平位移计算时，分体柱刚度按相应外包尺寸相同的整截面柱刚度的 0.7 倍考虑。

② 弹性层间位移角限值 $[\theta_e]$ 可按表 6.4 取用[3]。

表 6.4　弹性层间位移角限值 $[\theta_e]$

Tab 6.4　The elasticity displacement angle limit $[\theta_e]$ between two layers

结构类型	框架	框架-抗震墙、板柱-抗震墙、框架-核心筒	框支层
$[\theta_e]$	1/550	1/800	1/1000

6.4 钢筋混凝土带芯分体柱框架梁柱节点的设计计算

（1）一级、二级抗震等级钢筋混凝土带芯分体柱框架节点的斜截面承载力计算按下列计算方法计算[2,附录C.1.1]：

$$V_j = \frac{1.15 \sum M_{bua}}{(h_{b0} - a_s')}[1 - (h_{b0} - a_s') / (H_c - h_b)] \qquad (6-26)$$

抗震裂度IX度和一级框架结构：

$$V_j = \eta_{jb} \sum M_b / (h_{b0} - a_s')[1 - (h_{b0} - a_s') / (H_c - h_b)] \qquad (6-27)$$

式中　η_{jb}——节点剪力增大系数，一级取1.35，二级取1.2；

b_c——钢筋混凝土带芯分体柱截面宽度；

h_{h0}——钢筋混凝土带芯分体柱截面有效高度；

H_c——柱的计算高度，可取节点上下柱反弯点之间的距离；

h_b，h_{b0}——梁的截面高度、有效高度，节点两侧梁的截面高度、有效高度不等时，取平均值；

M_b——节点左、右梁端逆时针或顺时针方向组合的弯矩设计值之和，一级节点左、右梁端弯矩均为负值时，绝对值较小的弯矩应取0。

M_{bua}——节点左、右梁端逆时针或顺时针方向按实配钢筋面积（计入受压钢筋）和材料强度标准值计算的受弯承载力所对应的弯矩设计值之和。

（2）节点区受剪面抗震验算应当符合[1,2,3,5]：

$$V_j \leq \frac{1}{\gamma_{RE}}(0.30\eta_j\beta_a f_c b_j h_j) \qquad (6-28)$$

和：$V_j \leq \frac{1}{\gamma_{RE}}[0.11\eta_j f_c b_j h_j + 0.05\eta_j N_j (b_j/b_c) + f_{yv}A_{sv} (h_{h0} - a_s) /s]$ （6-29）

抗震裂度IX度时：$V_j \leq \frac{1}{\gamma_{RE}}[0.11\eta_j f_c b_j h_j + f_{yv}A_{sv} (h_{h0} - a_s) /s]$ （6-30）

式中　η_j——正交梁的约束影响系数（楼板现浇、梁柱中心线重合、四个方向的梁宽度不小于该方向柱截面总宽度的一半、正交方向梁高度不小于框架梁高度的3/4时，可采用1.5，IX度时宜采用1.25，其他情况宜采用1.0）；

h_j——节点区高度，可以采用验算方向的柱截面高度；

b_j——节点区宽度；

γ_{RE}——地震作用调整系数，可采用 0.85（节点主要受剪控制）；

β_c——混凝土强度影响系数（当混凝土强度等级不高于 C50 时取 1.0；高于 C80 时取 0.8，中间线性内插）；

f_c——混凝土轴心抗压强度设计值。

N_j——对应于组合的剪力设计值的上柱组合轴向压力较小值（其取值不应大于钢筋混凝土带芯分体柱的截面面积和混凝土轴心抗压设计强度乘积的 50%；当 N_j 为拉力时，取为 $N_j = 0$）；

f_{yv}——箍筋的抗拉强度设计值；

A_{sv}——核芯区验算宽度范围内同一截面验算方向各肢箍筋的总截面面积（不考虑固定分体柱柱芯纵筋的芯部套箍）；

s——箍筋间距。

在对上、下层柱均带芯分体柱的节点核芯区进行截面抗震验算时，应将上述公式（6—28）~（6—30）中的第一项即混凝土项乘以 0.8 的折减系数。

（3）节点合芯区 筋应采用井字复合筋，内外肢应分开制作且外肢要比内肢加粗 2mm。

（4）带芯分体柱框架节点核心区箍筋的最大间距和最小直径宜按应按《抗规》表 6.3.8-2 和《高规》表 6.4.3-2 采用，一、二、三级框架节点核心区含箍特征值分别不宜小于 0.12、0.10、0.08。

（5）带芯分体柱框架节点的其他构造要求与《混凝土结构设计规范》（GB50010—2002）、《建筑抗震设计规范》（GB50011—2001）、《高层建筑混凝土结构技术规程》（JGJ3—2002）对相应的整截面柱框架节点的构造要求相同，不相同时取较高标准。

第7章　结论和展望

7.1　主要结论

通过对钢筋混凝土带芯分柱体单体试件在压、弯、剪状态下的理论研究和模拟分析，得到以下结论：

（1）钢筋混凝土带芯分体柱具有钢筋混凝土带芯柱的强抗压能力，减小结构面积。由于柱芯钢筋参与受力，对钢筋混凝土带芯柱的轴压力提供一个增量，使得钢筋混凝土带芯分体柱可以承担更大的竖向荷载。在同等竖向承载力的情况下可以减小柱截面面积，增大房屋使用面积，减小混凝土用量，具有一定的经济效果。该增量与芯部钢筋及混凝土的材料系数、芯部配筋量、面积特征系数等有关。

（2）钢筋混凝土带芯分体柱延性好。该柱中普通配箍率的提高和芯部箍筋的设置能够改善钢筋混凝土带芯分柱体的抗震性能，即使在轴压比很高时，配箍率对构件抗震性能——延性也有所提高作用。因此，为防止斜裂缝的出现及提高带芯分柱体的塑性转动能力，在带芯分柱体中采用较高配箍率是必要的。

（3）带芯分柱体的抗弯承载力低于整截面柱的抗弯承载力。由于柱中间设缝抗弯刚度削弱，使其抗弯承载力低于整截面柱的抗弯承载力；但由于隔板的摩擦作用，其值略高于四个独立小柱的受弯承载力之和，本书取等于四个独立小柱的受弯承载力之和作为钢筋混凝土带芯分体柱的抗弯承载力。

（4）带芯分柱体的截面承载力可以简化为按四个独立小柱之和计算。本书给出了钢筋混凝土带芯分体柱轴心受压、偏心受压及受剪承载力计算公式，分别用四个独立小柱的轴心受压、偏心受压及受剪承载力之和作为钢筋混凝土带芯分体柱的轴心受压、偏心受压及受剪承载力。

（5）柱上下端整截面过度区的设置是必要的。过渡区对分柱体受力性能的影响不大，但对防止竖向分缝开展过早进入节点区起到保护作用。

（6）钢筋混凝土带芯分体柱的轴压比提高。由于柱芯钢筋参与受力，对钢筋混凝土带芯柱的轴压力提供一个增量，使得钢筋混凝土带芯分体柱可以承担更大的竖向荷载，可以用各小柱面积之和来控制，与整体柱轴压比定义相同。

（7）钢筋混凝土带芯分体柱有一定的适用范围。钢筋混凝土带芯分柱体适用于设防烈度为Ⅶ～Ⅸ度的框架，框架—剪力墙以及框支结构中剪跨比 λ≤1.5 的短柱。钢筋混凝土带芯分体柱框架在满足《混凝土结构设计规范》、《建筑抗震设计规范》和《高层建筑混凝土结构技术规程》的设计计算要求和带芯分柱体单体模拟试验所得设计建议后，能够使原来的短柱框架达到延性框架的要求。

（8）模拟计算验证了前面理论推导所得公式的正确性。模拟计算发现钢筋混凝土带芯分柱的芯部箍筋迟于普通箍筋进入工作状态，芯部纵筋只是在轴心受压时才有可能进入屈服状态。

7.2 创新点

（1）提出钢筋混凝土带芯分体柱的概念，并设计了在理论分析和数值模拟验证下得出相应的正截面轴心受压、偏心受压、斜截面受剪的承载力计算公式。

（2）运用 *ANSYS* 结构分析软件对提出的结构模型进行了轴压、弯压、剪切、压弯剪共同作用及地震作用下的数值模拟计算，验证了推出的钢筋混凝土带芯分体柱的承载力计算公式。

（3）给出了钢筋混凝土带芯分体柱的轴压比计算公式，并给出了界限破坏时芯部钢筋的配筋率。

7.3 展望

本书还需要进行以下研究：

（1）由于要对本书研究的对象进行实验室试验和现实工程应用实践需要大量资金和大面积场地，同时需要一定量的人力、物力，尤其是需要先进的试验检测设备，受条件所限没有进行实验室试验，虽然小尺度存在环境条件差别、受力情况失真、尺寸效应等缺陷，但本书没有通过实验室试验对文中的计算理论加以验证。但毕竟实验室试验和现实工程应用实践是目前验证理论研究的重要手段之一，因而本书还需要进行进一步的实验验证和现实工程应用实践。

（2）本书研究主要是在前人研究经验和成果的基础上根据现行规范和有关标准进行的理论推导，目前规范中的有些缺陷也在文中有所体现，如"大震不

倒"、"中震可修"并没有明确的标准。随着其他有关研究成果的发展和相关标准、规范的进一步细化，本研究会有更进一步的发展。

（3）轴压比的提高使得钢筋混凝土带芯分体柱在高轴压比状态下仍然具有很好的延性，实现延性框架，改变短柱的破坏形态，使短柱由剪切型破坏转化为弯曲型破坏，抗震能力显著提高。但轴压比公式稍显复杂，不便于快速手算。

（4）芯柱使得钢筋混凝土带芯分体柱的竖向承载力提高、轴压比提高，在满足承载力的情况下可以减小柱截面积，减少混凝土用量，增大使用面积，节约投资，但没有建立剪跨比的加大对承载力提高和侧移能力加大的直接关系式。

（5）结合带芯柱的强抗压能力和分体柱的强侧移能力于一体，实现变短柱的脆性剪切破坏为长柱的延性弯剪破坏，但界限破坏时芯部钢筋只有一小部分参与受力，此时芯部钢筋的利用率不高。

参考文献

[1] 中华人民共和国国家标准. GB50011—2001 建筑抗震设计规范［S］. 北京:中国建筑工业出版社,2001.

National Standard of People's Republic of China. GB50011—2001 Code for aseismic design of buildings［S］. Beijing:China Architecture & Building Press,2001. (inChinese)

[2] 傅贵,李宣东,李军. 事故的共性原因及其行为科学预防策略［J］. 安全与环境学报,2005,5(1):80-83.

[3] 方鄂华. 高层建筑钢筋混凝土结构概念设计［M］. 机械工业出版社. 北京. 2004.9:157-161

[4] 李春生. 自然灾害［M］. 海口市,海南南海出版公司,2006.3:6-31,35-61.

[5] 梅世蓉,地震预报究竟有无可能,中国地震信息网:www.csi.ac.cn/htmb/index.jsp,2006 年,6 月 17 日,14:03:18

[6] 丁石孙. 城市灾害管理［M］. 北京:群言出版社,2004:12-25.

[7] 李泰来. 地震机制——扭波的发现与设防抗震［J］. 新疆地质(增刊),1992 原载:5-11.

[8] 中国建筑科学研究院电算所编,PKPM 用户手册［S］. 北京:中国建筑科学出版社,2006:3-50.

[9] 中华人民共和国行业标准. JGJ3—2002 高层建筑混凝土结构技术规程［S］. 北京:中国建筑工业出版社,2002:4-66.

[10] 陈龙珠,陈小宝,黄真,等. 混凝土结构防灾技术［M］. 北京:化学工业出版社,2006:3-7,8-25.

[11] 戴国莹,王亚永. 房屋建筑抗震设计［M］. 北京:中国建筑工业出版社,2005:42-50.

[12] 窦立军. 建筑结构抗震［M］. 北京:机械工业出版社,2006:11-34.

[13] 孔军,邢莉燕. 地下空间消防安全的模糊评价［J］. 消防技术与产品信息,2003:27-29.

[14] 王海燕,通道火灾烟流三维流动理论及虚拟现实重现技术研究［D］. 中国矿业大学(北京校区),2004:1-15.

[15] 李刚,程耿东. 基于性能的结构抗震设计——理论、方法与应用［M］. 北京:科学出版社,2004:26-53.

[16] Structural Engineering Association of California (SEAOC), Performance Based on Seismic Engineering of Buildings,April,1995:677-680.

[17] Federal Emergency Management Agency (FEMA), Performance-Based Seismic Design of Buildings,FEMA Report 283,September,1996:394-399.

［18］Federal Emergency Management Agency（FEMA），NEHRP Guidelines for the Seismic Rehabilitation of Building Seismic Safety Council，FEMA Report 273，1997：273－277.

［19］Applied Technology Council（ATC），Seismic Evaluation and Retrofit of Existing Concrete Buildings，ATC 40，1996：485－490.

［20］Yamanouchi H et al. Performance－Based Engineering for Structural Design of Buildings，Building Research Institute，Japan，2000：677－682.

［21］林同炎，S. D. 斯多台斯伯利. 结构概念和体系［M］. 2 版. 高立人，方鄂华，钱稼茹，译. 北京：中国建筑工业出版社，1999：4－176.

［22］ATC40 Seismic Evaluation and Retrofit of Concrete Buildings［R］. Applied Technology Council，1996：387－391.

［23］FEMA 273 NEHRP Guidelines for seismic Rehabilitation of buildings［R］. Federal Emergency Management Agency，1997：425－429.

［24］SEAOC Vision 2000 a Framework for Performance－based Engineering［R］. Structural Engineering Association of California，1995：678－682.

［25］BSSC（1998）NEHRP Recommended provisions for seismic regulation of new buildings and other structures［R］. Report No：FEMA302，Washington，D. C.：425－431.

［26］FEMA 368（2000）NEHRP Recommended Provisions for Seismic Regulations for New Buildings and Other Structures［R］. Federal Emergency Management Agency，Washington，D. C. 889－895.

［27］FEMA 355（2000）State of the art report on connection performance［R］. Federal Emergency Management Agency，Washington，D. C.：787－793.

［28］FEMA 356（2000）Prestandard and commentary for the seismic rehabilitation of buildings［R］. Federal Emergency Management Agency，Washington，D. C.：794－800.

［29］ICC（2003）Performance Code for Buildings and Facilities，International code council，2003：455－461.

［30］周锡元，抗震性能设计与三水准设防［J］. 土木水利（台湾），2003，30（5）：34－41.

［31］白绍良，译. 钢筋混凝土建筑结构基于位移的抗震设计［R］. 国际结构混凝土联合会（FIB）（原欧洲混凝土学会 CEB）综合报告，2003：19－24.

［32］Building code of Australia（BCA），Australia building codes board，1996：66－68.

［33］程耿东，基于功能的结构抗震设计中一些问题的探讨［J］. 建筑结构学报，2000，21（1）：1－7.

［34］Grigore Burdea，Philippe Coeffet. Virtual Reality Technology. USA：John Wiley & Sons，Inc. 1994：2－24.

［35］陈谊. 虚拟现实技术及其应用［J］. 北京轻工业学院学报，1998：36－41.

［36］R. Bowen loftin. Aerospace applications of virtual environment technology［J］. Computer

Graphics, 1996:33 - 35.

[37] Tom Impelluso. Physically based virtual reality in a distributedenvironment [J]. Computer Graphics, 1996:60 - 61.

[38] L. Lippert, M. H. Gross, C. Kurmann. Compression domain volume rendering for distributed environments [J]. Computer Graphics forum, 1997:45 - 49.

[39] M. J. Noot, A. C. Telea, J. K. M. Jansen. Real time numerical simulation and visualization of electrochemical drilling [J]. Computing and visualization in science, 1998:105 - 111.

[40] Lloyd treinish, Deborah Silver. Visualizing a real forest [J]. IEEE Computer Graphics and Application, 1998:12 - 15.

[41] David C. Brogan, Ronald A. Metoyer, Jessic K. Hodgins. Dynamically simulated characters in virtual environment [J]. IEEE Computer Graphics and Applications, 1998:58 - 69.

[42] Lawrence J. Rosenblum. Driving simulation: challenges for VR technology [J]. IEEE Computer Graphics and Applications, 1996:16 - 20.

[43] Michael Deering. High resolution virtual reality [J]. Computer Graphics, 1992:17 - 21.

[44] Stephen Clarke - Willson. The design of virtual environment - value added entertainment [J]. Computer Graphics, 1994:118 - 126.

[45] Brown D J, Crobb S V, et al. Research applications of virtual reality [J]. Interactive Learning International, 1992:161 - 163.

[46] X W. Dean McCarty, Steven Sheasby, Philip Amburn, et al. A virtual cockpit for a distributed interactive simulation [J]. IEEE Computer Graphics and Applications, 1994:49 - 54.

[47] Lawrence J. Rosenblum. Research issues in scientific visualization [J]. IEEE Computer Graphics and Applications, 1994:61 - 63.

[48] F. Duckstein. Extension of validity calculation to moving objects within a virtual reality system using frame - to - frame coherence [J]. The Journal ofVisualization and Computer Animation, 1998:259 - 272.

[49] Deleon, V. Berry, R. Jr. Bringing VR to the desktop: are you games. Multimedia, IEEE, Volume: 7, Issue:2, 2000:68 - 72.

[50] Rares F. Boian, Judith E. Deutsch, Chan Su Lee, et. al. Haptic Effects for Virtual Reality - based Post - Stroke Rehabilitation [C]. HAPTICS 2003. Proceedings. 11th Symposium on, 22 - 23 March 2003:247 - 253.

[51] Bochenek, G. M., Ciarelli K. J., Ragusa, J. M. Reshaping our world through virtual collaboration [C]. Technology Management for Reshaping the World, 2003. PICMET 2003: Portland International Conference on Management of Engineering and Technology, 20 - 24 July 2003: 27 - 38.

[52] Schaeffer B. Goudeseune C. Syzygy: native PC cluster VR Virtual Reality [J]. IEEE Proceedings,

22 - 26 March 2003 Pages:15 - 22.

[53] Metin Sitti, and Hideki Hashimoto. Teleoperated Touch Feedback From the Surfaces at the Nanoscale:Modeling and Experiments [J]. Mechatronics,IEEE/ASME Transactions 2003:287 - 298.

[54] Schaufter, wolfgang Stürzlinger. A three dimensional images cache for virtual reality [J]. Computer Graphics forum,1996:227 - 235.

[55] José Encarnacā,Martin Göbel,Lawrence Rosenblum [J]. European activities in virtual reality. IEEE Computer Graphics and Applications,1994:66 - 74.

[56] Martin Göbel. Industrial applications of Ves [J]. IEEE Computer Graphics and Applications, 1996:10 - 13.

[57] Martin Schulz,Thomas Reuding,Thomas Ertl. Analyzing engineering simulations in a in virtual environment [J]. IEEE Computer Graphics and Applications,1998:46 - 52.

[58] Thomas Rischbeck,Paul Watson. A Scalable,Multi - user VRML Server. Virtual Reality [J]. Proceedings. IEEE,2002:199 - 206.

[59] Sylvain Daubrenet, Steve Pettifer. A Unifying Model for the Composition and Simulation of Behaviors in Distributed Virtual Environments[J]. Theory and Practice of Computer Graphics, 2003. Proceedings,2003:201 - 208.

[60] Bailin Cao,Dodds G. I. & Irwin G. W. An event driven virtual reality system for planning and control of multiple robots [C]. 1999 IEEE/RSJ International Conference,1999. 10 vol. 2:1161 - 1166.

[61] Mulder,J. D. ; van Liere,R. Enhancing fish tank VR [J]. Virtual Reality,2000. Proceedings. IEEE 2000:91 - 98.

[62] Spoelder H. J. W. ,Renambot L. ,Germans D. ,Bal H. E. Man multi - agent interaction in VR:a case study with RoboCup [J]. Virtual Reality,2000. IEEE 2000:291.

[63] Freund,E. ; Rossmann,J. ; Bucken,A. Enhancing a robot - centric virtual reality system towards the simulation of fire [C]. 2003 IEEE/RSJ International Conference 2003. 10, vol. 3: 3732 - 3737.

[64] Freund E. ,Hoffmann K. ,Rossmann J. Application of automatic action planning for several work cells to the German ETS - VII space robotics experiments. Robotics and Automation [J],2000. Proceedings. ICRA 00. IEEE International Conference [C]. 2000. 4 vol. 2:1239 - 1244.

[65] David Kahaner. Japanese activities in virtual reality [J]. IEEE Computer Graphics and Applications,1994:75 - 78.

[66] Sato,M. SPIDAR and virtual reality [C]. World Automation Congress,2002. Proceedings of the 5th Biannual,Volume:13,9 - 13 June 2002:17 - 23.

[67] 林学,朱志刚,邓文.用于室内环境建模的其余形状一致性的立体视觉匹配算法[J].计算

机学报,1997:654-660.

[68] 吕洪波.王田苗.刘达,等.基于虚拟现实技术的机器人外科手术模拟与培训系统研究[J].计算机学报,2001:931-937.

[69] 李实,扬斌,叶榛,孙增圻.基于虚拟现实的船舶轮机仿真训练系统[J].系统仿真学报2000:193-196

[70] 傅晟,彭群生.一个桌面型虚拟建筑环境实时漫游系统的设计与实现[J].计算机学报,1998:793-799.

[71] 杨吉广,魏同国,张合庆,等.虚拟现实中的视觉接口设计与实现.智能计算机接口与应用进展——第三届中国计算机智能接口与智能应用学术会议论文集[A].北京:电子工业出版社,1997:245-251.

[72] 徐伪忠,谈正.三维立体显示系统的研究与开发[J].中国图像图形学报,1997:144-148.

[73] 周军,谈正.虚拟现实中立体像对的压缩新方案.智能计算机接口与应用进展——第三届中国计算机智能接口与智能应用学术会议论文集[A].北京:电子工业出版社,1997:389-396.

[74] 叶列平,结构抗震设计方法的发展.中国地震信息网:www. csi. ac. cn/htmb/index. jsp,2006年,6月17日,13:52:46.

[75] 张新培.钢筋混凝土抗震结构非线性分析[M].北京:科学出版社,2003:5-14.

[76] 史庆轩,钢筋混凝土结构基于性能的抗震研究及破坏评估[D].西安建筑科技大学,2002.

[77] 小谷俊介.日本基于性能结构抗震设计方法的发展[J].建筑结构,2000(6):35-41.

[78] 焦双健,魏巍,冯启民.钢筋混凝土框架地震破坏研究概述[J].世界地震工程,Vol. 16. No. 4,2000,12:47-52.

[79] 美.哈里斯 H. G. 混凝土结构动力模型[M].朱世杰,译.北京:地震出版社,1987:6-49.

[80] Structural Engineers Association of California. Performance based Seismic Engineering of Buildings, Vision 2000,1995(4):77-85.

[81] N. M. Newmark, Fondamentals of earthquake engineering, N. J. Prentice - hall Inc, 1971:391-398.

[82] R. W. Clough. Nonlinear earthquake response,earthquake engineering. 1970:65-77.

[83] Federal Emergency Management Agency Prestandard and Commentary for The Seismic Rehabilitation of Buildings, FEMA 356,357,2000(11) 美国联邦紧急救援署(FEMA).

[84] R. Park and T. Pauley. Reinforced Concrete Structures. John Wiley & Sons Inc. 1975:563-571.

[85] T. Paulay, m. j. n. Priestley. Seismic Design of R einforced Concrete and Masonry Buildings. John Wiley & Sons Inc. 1999:366-369.

[86] Dennis S. Mileti. Disarster by Design, A Reassessment of Natural Hazards in the United States [M].谭徐明,译. 人为的灾害,美国国家基金会:第二次国家自然灾害评估报告. 武汉:湖北人民出版社,2004:208-267.

[87] Anon. Lessons learned from the North ridge Earthquake[J]. Modern Steel Construction,1994,34 (4):24 - 26.

[88] 裴星洙,张立,任正权.高层建筑结构地震响应的时程分析法[M].北京:中国水利水电出版社,2006:9 - 30.

[89] Yashiro H,Tanaka Y,Nagano M. Study on shear failure mechanisms of reinforced concrete short columns [J]. Engineering Fracture Mechanics,1990,35(1 - 3):277 - 289.

[90] 白绍良,等.从各国设计规范对比看我国钢筋混凝土建筑结构抗震能力设计措施的有效性 (重庆大学土木工程学院)[M].重庆:重庆大学出版社,2001:10 - 107

[91] 江见鲸,郝亚民.建筑概念设计与选型(21 世纪土木工程实用技术丛书)[M].北京:机械工业出版社,2004:72.

[92] Structural Engineers Association of California (SEAC). Performance based Seismic Engineering of Buildings [R]. April,1995:125 - 131.

[93] Collins K R. Reliability based Design in the Context of Performance based Design [C]. T178 - 2,Proc. of Structural Engineers World Congress (SEWC′98),USA,1998:363 - 369.

[94] Cheng G D,Li G. Reliability- based Multiobjective Structural Optimization Under Hazard Load [C]. T152 - 3, Proc. of Structural Engineers World Congress (SEWC′ 98), USA, 1998: 375 - 380.

[95] 程耿东,李刚.基于功能的结构抗震设计[J].建筑结构学报 JOURNAL OF BUILDING STRUCTURES,2000 Vol.21 No.1:5 - 11.

[96] Holicky M and Vrouwenvelder A. Reliability of a Reinforced Column Designed According to the Eurocode [R]. IABSE Colloquium Basis of Design and Actions on Structures, Delft, 1996: 35 - 40.

[97] 邵卓民,陈定外,何广乾译校.结构可靠性总原则(ISO2394)1996 年修订版[J].工程建设标准化,1996,(6),1997:1 - 5.

[98] 中华人民共和国国家标准.GB50068—2001 建筑结构可靠度设计统一标准[S].北京:中国建筑工业出版社,2001.

[99] 蔡文学.结构拓扑优化设计与防灾结构优化设计的研究[D].大连理工大学,1995.

[100] 程耿东,李刚,蔡悦.基于可靠度的抗震结构优化设计[M].北京:科学出版社,1999:35 - 47,56 - 75.

[101] Li G and Cheng G D. Optimal Decision for the Target Value of Performance Based Structural System Reliability [C]. The First ChinaJapan Korea Joint Symposium on Optimization of Structural and Mechanical Systems (CJK - OSM1),China,1999:195 - 201.

[102] 王光远,等.工程结构与系统抗震优化设计的实用方法[M].北京:中国建筑工业出版社,1999:36 - 258.

[103] 李忠献,袁文章,郝永昶.工业与民用钢筋混凝土建筑中的短柱问题与分体柱技术[J].工

业建筑. 2003,33(11):63 - 66.

Li Zhongxian, Yuan Wenzhang, Hao Yongchang. Problem of short columns and technology of split columns in industrial and civil reinforced concrete buildings [J]. Industrial Construction, 2003,33(11):63 - 66.

[104] 李忠献,钢筋混凝土分体柱理论与技术[J]. 工程力学,ENGINEERING MECHANICS,22 (增刊),2005,Vol. 22 Sup. June 2005:127 - 141

[105] 潘景龙,王威,金熙男,王陈远. 偏心荷载作用下 FRP 约束钢筋混凝土短柱的特性研究 [J]. 土木工程学报,2005 年 2 月(38)2,Vol. 38,No. 2,46 - 50.

[106] 潘景龙,等. 混凝土柱截面形状对纤维包裹加固效果的影响[J]. 工业建筑,2001,31(2): 17 - 19.

[107] 王社良,熊仲明. 混凝土及砌体结构[M]. 北京:冶金工业出版社,2004:78 - 99.

[108] 郭军庆,许婷婷. 芯柱对混凝土框架柱轴压比限值的影响分析[J]. 工业建筑,2005,35(增 刊):175 - 178.

[109] 范重,钱稼茹,吴学敏. 核心配筋柱抗震性能试验研究[J]. 建筑结构学报,2001,(22)1: 59 - 64.

[110] 万翠莲,王宗昌,谢世伟. 提高钢筋混凝土短柱强度的技术措施[J]. 工程建设与设计, 2003(8):37 - 38.

[111] 梁书亭,蒋永生,朱敏杰,鲁宗悫,杨小凤. X 形配筋高强混凝土短柱抗震性能试验研究 [J]. 东南大学学报,1997,27(增刊):33 - 38.

[112] Martirossyan A,Xiao Y. Flexural - shear behavior of high - strength concrete short columns [J]. Earthquake Spectra,2001,17(4):679 - 695.

[113] 郝永昶,李忠献. 改善钢筋混凝土短柱抗震性能方法的研究[J]. 建筑结构,2002,32(10): 8 - 10.

[114] 胡庆昌,徐云扉. 改善矩形截面钢筋混凝土短柱抗震性能的一个新途径[J]. 建筑科学, 1989,3:1 - 8.

Hu Qingchang, Xu Yunfei. A new approach to improvement of the aseismic behavior of reinforced concrete short column with rectangular section [J]. Building Science,1989,3:1 - 8. (in Chinese)

[115] 韦爱凤. 钢筋混凝土短柱问题的处理[J]. 特种结构,2003,20(4):35 - 36.

[116] 楚秀娟,傅贵. 钢筋混凝土分体芯柱的抗震安全性分析[J]. 兰州大学学报(自然科学版), 2006,42(专集):640 - 643.

[117] Xiu - juan Chu, Gui Fu. The Seismic Safety Behavior of Reinforced Concrete Split Core - columns. Twenty - third Annual Meeting of The Society for Organic Petrology(TSOP)(Abstracts and Program,Volume 23). 61,September 15 - 22,2006,Beijing,China.

[118] 中华人民共和国国家标准. GB50010—2002 混凝土结构设计规范 [S]. 北京:中国建筑工

业出版社,2001. National Standard of People's Republic of China. Code for design of concrete structures(GB50010—2002) [S]. Beijing: China Architecture & Building Press, 2001. (in Chinese)

[119] 中华人民共和国国家标准. GB50007—2002 建筑地基基础设计规范[S]. 北京:中国建筑工业出社,2001.

National Standard of People's Republic ofChina. Code for design of building foundation (GB50007—2002) [S]. Beijing:China Architecture & Building Press,2001. (inChinese)

[120] 肖建庄,姚峻,夏磊. 钢筋混凝土极短柱抗剪承载力分析[J]. 特种结构,2002,(19)1: 75 - 82.

[121] 周小真,姜维山. 高轴压作用下钢筋混凝土短柱抗震性能的试验研究[J]. 西安冶金建筑学院学报,1985:7 - 12.

[122] 王家辉. 压弯剪作用下钢筋混凝土短柱抗震性能试验研究[J]. 西安冶金建筑学院学报, 1989(3) :12 - 17.

[123] 唐陛玮,余安东. 短柱极限承载能力的研究[J]. 建筑结构报,1997,(4):11 - 17.

[124] 肖建庄,张建荣,秦灿灿. 混凝土框架柱轴压比限值分析[J]. 建筑结构,2000,(2): 33 - 39.

[125] 陈家夔. 钢筋混凝土框架柱的抗震性能[J]. 西安交通人学学报,1990,(2):35 - 41.

[126] 包世华. 新编高层建筑结构[M]. 北京:中国水利水电出版社,2001:20 - 191.

[127] 尚守平,周福霖. 结构抗震设计[J]. 北京:高等教育出版社,2003:3 - 50.

[128] 罗勇. 钢筋混凝土柱抗震设计要点[J]. 辽宁建材,2004(3):19 - 20.

[129] Y Tanaka , Y Ro , et al. Strenthening of Reinforced Concrete Columns by Central Reinforcing Element[A]. Proc. 11th WCEE, Acapulco Mexico, 1996: Ref. No. No. 0744.

[130] H Yashiro , Y Tanaka , et al. Seismic Upgrade for Reinforced Concrete columns by Strenthening the Cross Sectional Center[A]. Proc. 12th WCEE, Sydney, 2000: Ref. No. 0758.

[131] H Hatamoto and S Bessho. Structural Behavior of Columns and Beam – Column Sub – assemblages in a 30 Story Reinforced Concrete Building [A]. Proc. 9th WCEE, Tokyo – Kyoto, Japan, august 2 – 9, 1988: IV – 627 – 632.

[132] 王铁梦,工程结构裂缝控制[M]. 北京:中国建筑工业出版社,1997:121 - 144.

[133] 俞良群,邢纪波,时向东,轴压比超限的柱抗震加固方法[J]. 四川建筑科学研究,2002 (28)4:33 - 38.

[134] 赵彤,等. 碳纤维布增强钢筋混凝土柱抗震能力的试验研究[J]. 建筑结构,2000,1(7): 47 - 51.

[135] 王天,等. 钢筋混凝土柱钢板套箍加固试验研究[J]. 建筑技术开发,2000,1(10):22 - 27.

[136] 郝永昶. 采用分体柱提高高层建筑抗震性能的试验与理论研究[D]. 天津大学(建筑工程学院),2000:1 - 89.

[137] 李忠献,郝永昶,周兵,康谷贻,胡庆昌,徐云扉. 钢筋混凝土分体柱框架抗震性能的模型试验研究[J]. 建筑结构学报,2003,5(34):1-14

[138] 沈蒲生,谭宇昂. 粘钢加固钢筋混凝土轴心受压构件中粘钢利用程度及承载力研究湖南大学学报[J]（自然科学版)2004,5(31):42-47.

[139] 陈周熠. 钢管高强混凝土核心柱设计计算方法研究[D]. 大连理工大学,2002:7-35.

[140] 林拥军. 配有圆钢管的钢骨混凝土柱试验研究[D]. 东南大学,2002:19-55.

[141] 徐明. 约束式钢骨混凝土柱的试验、理论与应用研究[D]. 东南大学,2000:40-56.

[142] 陈宇恩. 钢骨混凝土短柱正截面承载力分析[D]. 浙江大学,2000:1-22.

[143] 中国工程建设标准化协会标准. CECS28:90 钢管混凝土结构设计与施工规程[S]. 北京:中国计划出版社,1992:1-99.

[144] 蔡绍怀. 钢管混凝土结构的计算与应用[M]. 北京:中国建筑工业出版社,1989:12-78.

[145] 蔡绍怀. 现代钢管混凝土结构[M]. 北京:人民交通出版社,2003:1-36.

[146] 中华人民共和国行业标准. JGJ 138-2001,J130-2001 型钢混凝土组合结构技术规程[S]. 北京:中华人民共和国建设部,2002:1-125.

[147] 白国良. 大型火力发电厂框排架抗震性能分析[D]. 西安建筑科技大学,2002:45-76.

[148] 抗剪强度专题研究组. 钢筋混凝土框架柱的抗剪强度[J]. 建筑结构学报,1987,(6):35-41.

[149] Morino, S. Recent developments in hybrid structures in Japan'-reseach, design and construction. Engineering Structures v 20,n4-6,Apr-Jun 1998.

[150] Azizinamimi,Atorod,Ghost,S. K. Steel reinforced concrete structuresin 1995 Hyogoken-Nanbu earthquake. Journal of Structural Engineering. v123 n 8 Aug 1997.

[151] Mirza S. A,Monte Carlo Simulation of Dispersions in composite steel-concrete column strength interaction. Engineering Structures v 20,1~2,Jan -Feb 1998.

[152] Kitada,T. Ultimate strength and ductility of state-of-art of concrete-filled steel bridge piers in Japan. Engineering Structures v 20,n4~6,Apr-Jun 1999.

[153] Ge Hanbin,Usami,Tsutomu strength of concrete-filled thin wall steel box columns experiment. Journal of Structural Engineering. v118 n 11 Nov 1992.

[154] Boyd Philip F, Cofer William F, Mclean David I. Seismic performance of steel-enscased concrete columns under flexural loading. ACI Structural Engineering. v92 n 3 May-Jun 2003.

[155] Uy B, Bradford M T, Elastic loading buckling of steel plates in composite steel concrete members. Engineering Structures v 18,n3,Mar 1996.

[156] Boyd, Philips F, Cofer, William F, Melean, David I. Seismic performance of steel-encased concrete columns under flexural loading. ACI Structural Engineering. v92 n 3 May-Jun 2003.

[157] Ricles, James M, Pahoojian Shannon D. Seismic performance of steel-encased composite

columns. Journal of Structural Engineering. v123 n 8 Aug 1997.

[158] Mechel Samman, Amir Mirmiran. Model of concrete confind by fiber composites. Journal of Structural Engineering. v124 n 9 Sep 1998.

[159] 董哲仁. 钢筋混凝土非线性有限元法原理和应用[M]. 北京:中国水利水电出版社,2002: 10－32.

[160] 郑守疆. 配制高性能钢管微膨胀混凝十应注意的几个问题[J]. 混凝土,2002,(2): 16－22.

[161] 舒士霖. 钢筋混凝土结构[M]. 杭州:浙江大学出版社,1996:21－176.

[162] 郭兰慧,张素梅,田华. 矩形钢管高强混凝土压弯构件的实验研究[J]. 哈尔滨工业大学学报,2004(3):33－39.

[163] 周宗仁. 配有圆钢管的钢骨混凝土轴心受压正截面承载力的试验研究[D]. 硕士学位论文,东南大学,2001:1－45.

[164] 中华人民共和国电力行业标准. DL/T 5085—1999 钢－混凝土组合结构设计规程,北京: 中国电力出版社,1999:1－48.

[165] Martirossyan A, Xiao Y. Flexural－shear behavior of high－strength concrete short columns [J]. Earthquake Spectra,2001,17(4):679－695.

[166] Watanabe F. Behavior of reinforced concrete buildings during the Hyogoken ~ Nanbu earthquake [J]. Cement & Concrete Composites,1997,19(3):203－211.

[167] Anon. Lessons learned from the Northridge Earthquake[J]. Modern Steel Construction,1994,34 (4):24 ~ 26. [33] Yashiro H, Tanaka Y, Nagano M. Study on shear failure mechanisms of reinforced concrete short columns [J]. Engineering Fracture Mechanics,1990,35(1－3): 277－289.

[168] 贾金青. 高强混凝土短柱抗剪承载力试验研究[J]. 大连理工大学学报,2001,41(1): 104－107.

[169] 李俊华. 低周反复荷载下型钢高强混凝土抗震性能分析[D]. 西安建筑科技大学,2005: 11－15.

[170] 尚晓江,苏建宇,等. ANSYN/LS-DYNA 动力分析方法与工程实例[M]. 北京:中国水利水电出版社,2006:2－17,34－121.

[171] John. O. Hallquist, LS-DYNA THEORETICAL MANUAL, Livermore Software Technology Corpration[C]. 1998:132－154.

[172] LS-DYNA 970 Keyword User's manual, Livermore Software Technology Corpration, 2003: 45－54.

[173] 王一成. 有限单元法[M]. 2 版. 北京:清华大学出版社,2003:12－55.

[174] 刘涛,杨凤鹏. 精通 ANSYS[M]. 北京:清华大学出版社,2002:1－63.

[175] 江克斌,屠文强,邵飞. 结构分析有限元原理及 ANSYS 应用[M]. 北京:国防工业出版社,

2005:135 - 151.

[176] Saeed Moaveni. 有限元分析——ANSYS 理论与应用[M]. 欧阳宇,王崧,等,译. 北京:电子工业出版社,2003:34 - 75.

[177] 龚曙光. ANSYS 基础应用及范例解析[M]. 北京:机械工业出版社,2003:45 - 56.

[178] 赵鸿铁. 钢与混凝土组合结构[M]. 北京:科学出版社,2001:33   151.

[179] 谢晓锋. 高强钢管(骨)混凝土核心柱轴压性能的试验研究[D]. 硕士学位论文. 华南理工大学,2002:45 - 61

[180] 江见鲸,陆新征,叶列平. 混凝土结构有限元分析[M]. 北京:清华大学出版社,2005:168 - 169.

[181] 尚晓江,等. ANSYS/LS-DYNA 使用指南[M]. 北京:中国水利水电出版社,2003:2 - 1,2 - 6,7 - 9.

[182] 过镇海,张秀琴,翁义军. 箍筋约束混凝土的强度和变形城乡建设部抗震办公室等编. 唐山地震十周年中国抗震防灾论文集[A]. 北京,1986:143 - 150.

[183] 中华人民共和国国家标准. GB50153—92 工程结构可靠度设计统一标准[S]. 北京:中国建筑工业出版社,1992:1 - 20.

[184] 中华人民共和国国家标准. GBJ132—90 工程结构设计基本术语和统一符号[S]. 北京:中国建筑工业出版社,1990:2 - 31.